技工院校一体化课程教学改革电子技术应用专业教材

电子产品简单故障维修

人力资源社会保障部教材办公室组织编写

中国劳动社会保障出版社

内容简介

本书主要内容包括电风扇简单故障维修、饮水机简单故障维修、手机简单故障维修和液晶电视机组装与简单故障维修四个学习任务。

图书在版编目(CIP)数据

电子产品简单故障维修/人力资源社会保障部教材办公室组织编写. --北京：中国劳动社会保障出版社，2017

技工院校一体化课程教学改革电子技术应用专业教材

ISBN 978-7-5167-3238-0

Ⅰ.①电… Ⅱ.①人… Ⅲ.①电子产品-维修-技工学校-教材 Ⅳ.①TN07

中国版本图书馆 CIP 数据核字(2017)第 286758 号

中国劳动社会保障出版社出版发行

(北京市惠新东街 1 号 邮政编码：100029)

*

北京市艺辉印刷有限公司印刷装订 新华书店经销

787 毫米×1092 毫米 16 开本 14.25 印张 309 千字

2017 年 12 月第 1 版 2025 年 3 月第 5 次印刷

定价：29.00 元

营销中心电话：400-606-6496

出版社网址：http://www.class.com.cn

http://jg.class.com.cn

技工院校一体化课程教学改革教材编委会名单

编审委员会

主　任：汤　涛

副主任：张立新　王晓君　张　斌　金　龄　刘　康　袁　芳　陈　祎

委　员：翟　涛　王　飞　何绪军　刘　春　王雪宁　陈　蕾　蔡　兵

刘素华　李荣生

编审人员

主　编：赵新生

副主编：张明义

参　编：李爱丽　陈用刚　安立军　叶春苗　罗文生

主　审：梁国均

序

习近平总书记指示:“职业教育是国民教育体系和人力资源开发的重要组成部分，是广大青年打开通往成功成才大门的重要途径，肩负着培养多样化人才、传承技术技能、促进就业创业的重要职责，必须高度重视、加快发展。”技工教育是职业教育的重要组成部分，是系统培养技能人才的重要途径。多年来，技工院校始终紧紧围绕国家经济发展和劳动者就业，以满足经济发展和企业对技术工人的需求为办学宗旨，既注重包括专业技能在内的综合职业能力的培养，也强调精益求精的工匠精神的培育，为国家培养了大批生产一线技能劳动者和后备高技能人才。

随着加快转变经济发展方式、推进经济结构调整以及大力发展高端制造业等新兴战略性产业，迫切需要加快培养一批具有精湛技能和高超技艺的技能人才。为了进一步发挥技工院校在技能人才培养中的基础作用，切实提高培养质量，从2009年开始，我部借鉴国内外职业教育先进经验，在全国130余所技工院校先后启动了两批共计15个专业（课程）的一体化课程教学改革试点工作，推进以职业活动为导向，以校企合作为基础，以综合职业能力培养为核心，理论教学与技能操作融合贯通的一体化课程教学改革。这项改革试点将传统的以学历为基础的职业教育转变为以职业技能为基础的职业能力教育，促进了职业教育从知识教育向能力培养转变，努力实现“教、学、做”融为一体，收到了积极成效。改革试点得到了学校师生的充分认可，普遍反映一体化课程教学改革是技工院校一次“教学革命”，学生的学习热情、综合素质和教学组织形式、教学手段都发生了根本性变化。试点的成果表明，一体化课程教学改革是转变技能人才培养模式的重要抓手，是推动技工院校改革发展的重要举措，也是人力资源社会保障部门加强技工教育和职业培训工作的一个重点项目。

教学改革的成果最终要以教材为载体进行体现和传播。根据我部推进一体化课程教学改革的要求，一体化课程教学改革专家、几百位试点院校的骨干教师以及中国人力资源和社会保障出版集团的编辑团队，组织实施了一体化课程教学改革试点，并将试点中形成的课程成果进行了整理、提炼，汇编成“活页”教材。继 2012 年第一批试点专业教材正式出版之后，第二批试点专业教材经过试用、修改完善，将陆续正式出版。希望全国技工院校将一体化课程教学改革作为创新人才培养模式、提高人才培养质量的重要抓手，进一步推动教学改革，促进内涵发展，提升办学质量，为加快培养合格的技能人才做出新的更大贡献！

技工院校一体化课程教学改革
教材编委会
2016 年 10 月

活页式教材使用说明

◆页码编排方式

为了更加方便地在教材中增删和替换内容，页码采用“学习任务编号-学习活动编号-页码号”三级编排形式，如“3-2-4”表示“学习任务三”的“学习活动2”的第4页。

◆过程评价表使用方法

教材中设计了“自评表”“互评表”“教师总评表”“综合评价表”等评价表格，表头上有“班级”“姓名”“学号”等信息栏，从活页教材中取出评价表填写后可以单独提交。

◆教材内容更新方法

中国人力资源和社会保障出版集团将根据一体化课程教学改革的推进以及科学技术的发展和不同地域的需要，不断补充和更新教材中的学习任务和学习活动，学校可以从“一体化课程教学改革教学资源网（http://zyjy.class.com.cn）”下载（需在网站注册）。通过网站还可以了解到更多的一体化课程教学改革信息和下载相关资源。

◆便携式活页夹和PVC保护板使用方法

对于带活页外夹的教材，使用其内附赠的便携式活页夹，可以灵活方便地将教材中部分内容携带至一体化教学场地。教材内附的整张PVC保护板可以作为学习记录垫板使用。对于未带活页外夹的教材，可联系中国人力资源和社会保障出版集团另行购买。

◆参考用书选用方法

在学习过程中，学生需要查阅大量参考资料，下表为中国人力资源和社会保障出版集团出版的适宜本专业一体化教学使用的参考书目录。

电子技术应用专业一体化教学参考书目录（中级阶段）

序号	书号	书名
1	978-7-5167-2996-0	电工基础（第四版）
2	978-7-5167-3149-9	模拟电路基础（第二版）
3	978-7-5167-3054-6	数字电路基础（第二版）
4	978-7-5045-7680-4	无线电基础（第四版）
5	978-7-5167-3106-2	电子测量与仪器（第五版）
6	978-7-5045-7607-1	机械知识与钳工技能训练
7	978-7-5167-3113-0	机械识图与电气制图（第五版）
8	978-7-5167-3053-9	电子 CAD（第二版）
9	978-7-5167-3188-8	传感器技术与应用
10	978-7-5167-3067-6	电子基本操作技能（第五版）
11	978-7-5045-8518-9	无线电工艺（第二版）
12	978-7-5167-1248-1	维修电工技能训练（第五版）

目　录

学习任务一　电风扇简单故障维修

学习目标

1. 能接受维修任务，独立核查电风扇的外观、故障现象，并填写维修任务单。

2. 能说出接受维修任务时需要咨询的主要问题。

3. 能通过上网查阅，了解电风扇的分类、型号、结构及工作原理。

4. 能描述电风扇的常见故障现象及故障检修流程。

5. 能正确查找电风扇故障点，分析故障原因，并合理制定维修方案。

6. 能根据维修方案准备维修工具、材料等，领取、核对所需元器件，并检测元器件好坏。

7. 能在教师的指导下，严格按照电器维修安全操作规范进行电风扇维修。

8. 能正确记录电风扇维修过程并进行通电调试。

9. 能进行维修成本核算，并分析成本偏高或偏低的原因。

10. 能按照验收标准进行验收，并按照现场 6S 管理规范清点与维护工具，整理工作现场。

11. 能就本次任务中出现的问题提出改进措施，并能与他人合作，展示工作成果，对学习与工作进行总结与反思。

建议学时

54 学时

工作情境描述

学校 6 号楼学生公寓有几间宿舍的电风扇出现通电后风扇启动困难、摇头不正常、调速键失灵、外壳带电工作等故障。为保证各宿舍在夏季到来时都能用上电风扇，学校综合保障处决定由家电维修班的同学承担此次维修任务，要求维修完成后的电风扇能正常转动、摇头，外壳不带电工作，且各按键功能正常，两周完成，经验收合格后交付使用。

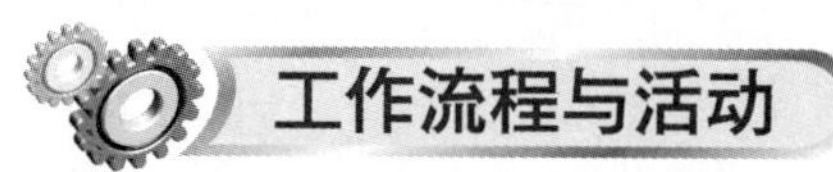

工作流程与活动

1. 接受电风扇维修任务，认知电风扇（6 学时）
2. 分析故障原因，制定维修方案（16 学时）
3. 电风扇简单故障的维修与验收（28 学时）
4. 工作总结与评价（4 学时）

学习活动 1　接受电风扇维修任务，认知电风扇

学习目标

1. 能接受维修任务，独立核查电风扇的外观、故障现象，并填写维修任务单。

2. 能说出接受维修任务时需要咨询的主要问题。

3. 能通过上网查阅，了解电风扇的分类、型号、结构及工作原理。

建议学时：6 学时。

学习过程

一、查看故障现象，填写电风扇故障维修任务单（表 1—1—1）

表 1—1—1　　电风扇故障维修任务单

任务名称		接单日期	
工作地点		任务周期	
故障描述			
故障判断			
维修措施			

续表

客户姓名		联系电话		验收日期	
团队负责人姓名		联系电话		团队名称	
备　注					

注："故障判断"和"维修措施"栏需在完成学习活动2后填写。

1. 结合生活实际想一想，在接受维修任务时，应向客户询问哪些主要问题。

2. 在与客户交接故障电风扇时，应当面进行哪些方面的核查并做好记录?

二、认知电风扇

1. 电风扇的类型

（1）电风扇的种类有很多，分类方法也不尽相同，常见的有按用途分类、按安装方式分类、按电动机结构分类、按功能分类等。查阅相关资料，将表1—1—2补充完整。

表1—1—2　电风扇的分类

序号	分类依据	种类
1	按用途分类	扇风风扇、排气风扇
2	按安装方式分类	
3	按电动机结构分类	
4	按功能分类	

（2）通过互联网检索等途径，获取表 1—1—3 中所列各电风扇的名称、特点及功能，并记录在表中。

表 **1—1—3**　　电风扇的名称、特点及功能

序号	图片	名称	特点及功能
1			
2			
3	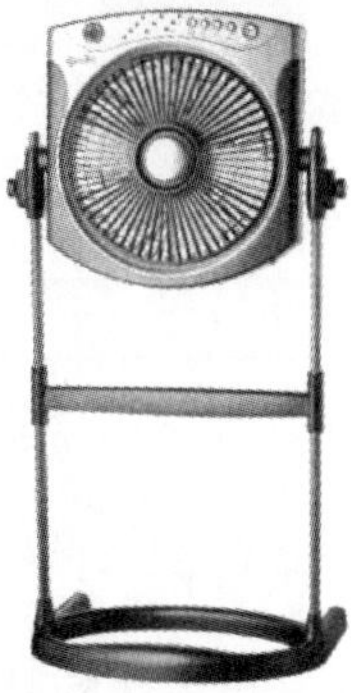		
4			

续表

序号	图片	名称	特点及功能
5			
6	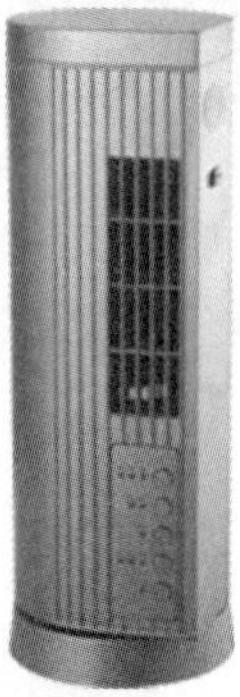		
7	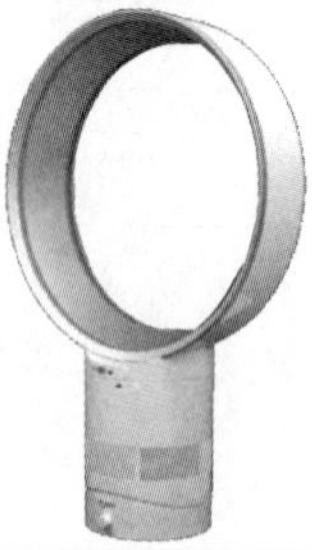		

2. 电风扇的规格和型号

(1) 电风扇的规格

电风扇的规格是以扇叶直径尺寸来表示的。扇叶直径即扇叶最大旋转轨迹的直径，以“mm”为单位。试结合表 1—1—4，针对具体应用，列举日常生活中所使用的电风扇及其规格。

表 1—1—4　电风扇的规格

品种	扇叶直径（mm）
台扇	200，250，300，350，400
落地扇	300，350，400，500，600
壁扇	250，300，350，400
台地扇	300，350，400
顶扇	300，350，400
转页扇	250，300，350
吊扇	900，1 050，1 200，1 400，1 500，1 800
排气扇	150，200，250，350，400，450，500

（2）电风扇的型号

电风扇的型号一般由表示电风扇的字母 F（或 FS）、系列代号、形式代号、设计序号、规格代号等组成，其中表示电风扇系列代号和形式代号的字母及其意义见表 1—1—5。试写出电风扇型号 FZD8-35、FS40-5F、FS40-6DR 的含义。

表 1—1—5　电风扇的系列代号和形式代号

系列代号	形式代号	
H：罩极式	A：轴流式排气扇	H：排气扇
R：电容式（可省略）	B：壁式电风扇	S：落地式电风扇
T：三相	C：吊式电风扇	T：台式电风扇
Z：直流	D：顶式电风扇	Y：转页式电风扇
	E：台地式电风扇	

FZD8-35：

FS40-5F：

FS40-6DR：

三、了解电风扇的结构与工作原理

1. 常见电风扇的结构

（1）查阅相关资料，简述电风扇的主要组成部分以及各部分的作用和特点。

（2）电子产品出现故障，在分析和查找故障点时，往往需要按照正确的操作规程，使用装配工具对电子产品进行拆卸。试根据常见电风扇的结构示意图，查阅相关资料，在表1—1—6中写出各类型电风扇的拆装顺序。

表 **1—1—6**　　常见电风扇的结构及其拆装顺序

名称	结构示意图	拆装顺序
台扇	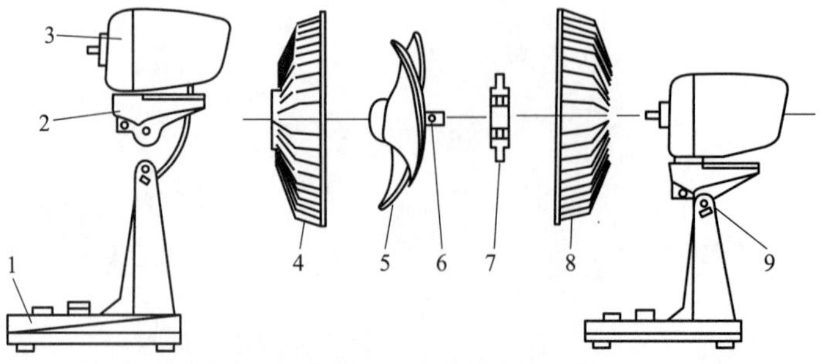 1—底座　2—连接头　3—扇头　4—前网罩　5—扇叶 6，9—夹紧螺钉　7—螺母　8—后网罩	

续表

名称	结构示意图	拆装顺序
转页扇	1—紧固环　2—风轮　3—前壳　4—旋钮　5—定时器 6—琴键开关　7—电容器　8—摩擦传动总成 9—同步电动机　10—扇叶　11—后壳　12—尾罩 13—风扇电动机　14—安全开关　15—底座	
吊扇	1—扇叶　2，11—锁圈　3，4—螺钉　5—上罩　6—吊环 7—上横销钉　8—开口销　9—胶轮　10—螺母　12—连接杆 13—下罩　14—固定支架　15—电容器　16—机头	

（3）查阅相关资料，简述电风扇的电动机及摇头机构的拆装步骤和调整方法。

2. 电风扇的工作原理

电风扇是一种利用电动机驱动扇叶转动，从而使空气加速流通的家用电器。交流电动机是电风扇的核心部件，主要由定子和转子两部分组成，其结构如图 1—1—1 所示。

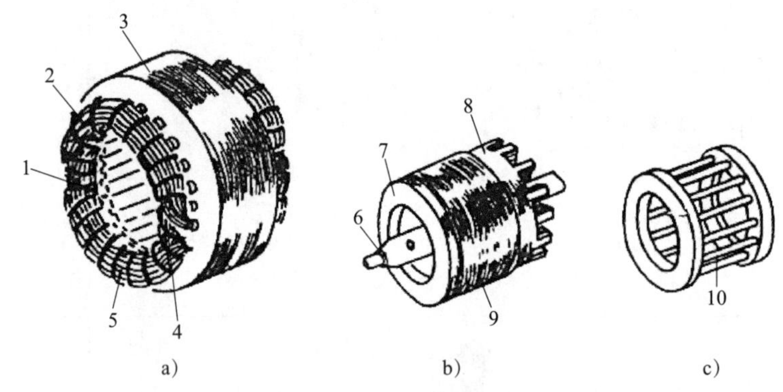

图 1—1—1 单相交流电动机结构

1，4—二次绕组 2，5— 一次绕组 3—定子铁芯 6—转轴

7，8—短路环 9—转子铁芯 10—导条

（1）查阅相关资料，简述单相交流电动机的基本工作原理。

（2）要使电动机旋转，需要在定子的两个绕组中通入相位不同的电流，使它们的合成磁场在定子铁芯与转子铁芯的气隙内旋转，即产生旋转磁场。实现方法常采用电容分相法和电阻分相法。查阅相关资料，简述这两种分相方法的特点及区别。

（3）识读图 1—1—2 所示电抗器调速的台扇典型电路，分析电动机正常启动的条件，并阐述其工作原理。

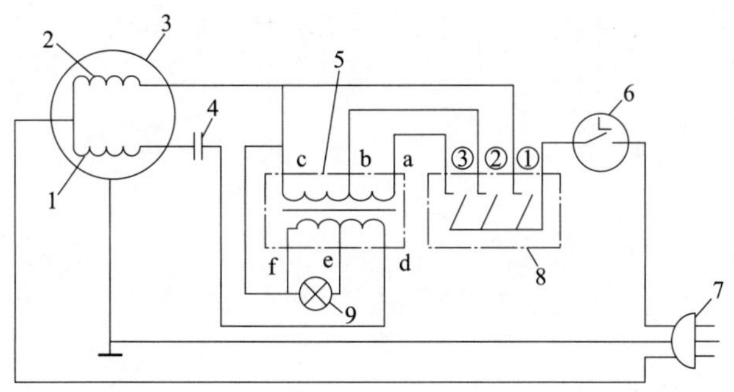

图 1—1—2　电抗器调速的台扇典型电路

1—启动绕组　2—运转绕组　3—风扇电动机　4—电容器

5—电抗器　6—定时器　7—插头　8—调速开关　9—指示灯

（4）识读图 1—1—3 所示定子绕组抽头调速的台扇电路图和接线图，分析电动机正常启动的条件，并阐述其工作原理。

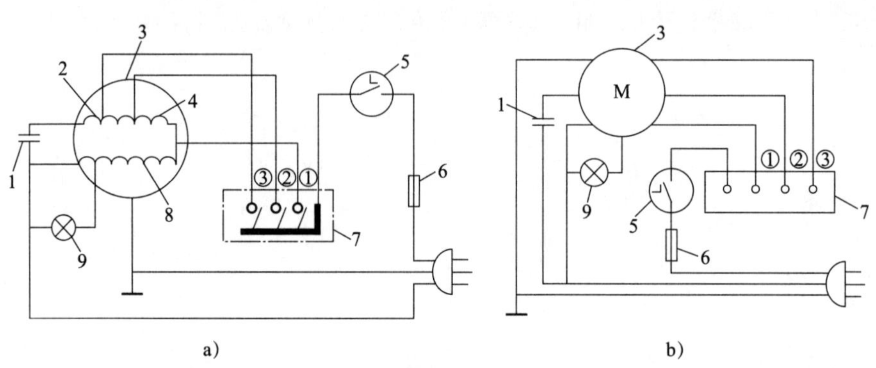

图 1—1—3　定子绕组抽头调速的台扇电路图和接线图

a）电路图　b）接线图

1—电容器　2—运转绕组　3—电动机　4—调速绕组　5—定时器

6—熔断器　7—开关　8— 启动绕组　9—指示灯

（5）琴键开关常用来转换电动机的转速，具有挡位操作方便、美观耐用等特点，是目前应用最普遍的一种开关。试查阅相关资料，参考图 1—1—4 所示的琴键开关结构图，简述琴键开关的工作原理。

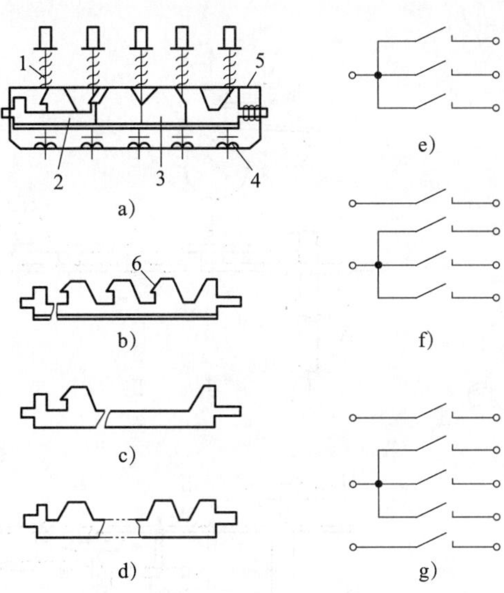

图 1—1—4　琴键开关结构图

a）结构示意图　b）互锁滑块　c）自锁滑块　d）联动滑块

e）一组三刀式　f）二组四刀式　g）三组五刀式

1—键杆　2—功能滑块　3—梯形挡板　4—触点开关　5—键架　6—锁钩

（6）定时器用于控制整个电路的通电时间，能自动切断电源。在电风扇中，广泛使用机械发条式定时器，定时时间多为 60 min 和 120 min，其外形及结构如图 1—1—5 所示。试查阅相关资料，结合图 1—1—5 简述定时器的工作原理。

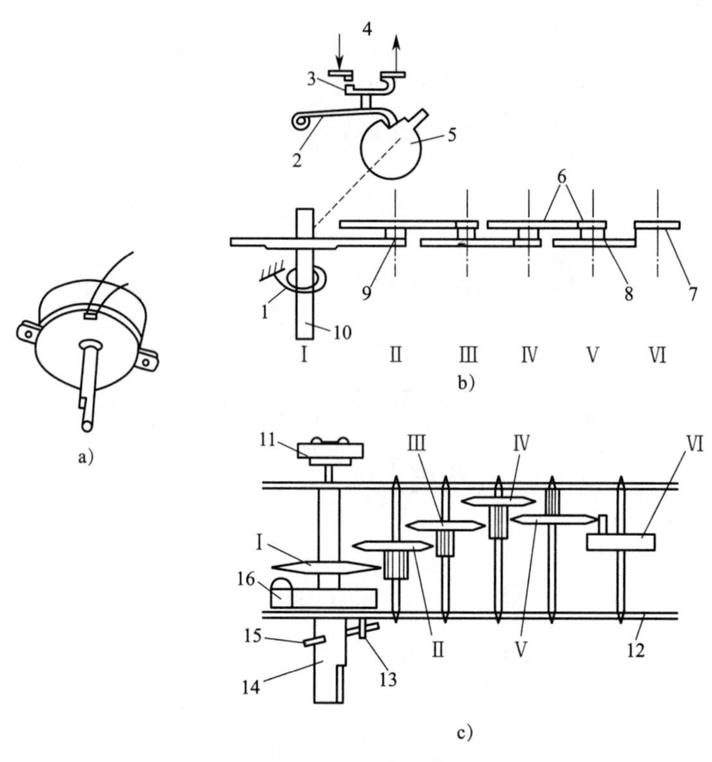

图 1—1—5 定时器外形及结构示意图

a）外形图 b）c）结构示意图

1，16—发条 2—摇臂 3—触点 4—电源 5—凸轮 6—增速齿轮

7—棘爪盘 8—棘轮 9—单向离合盘 10，14—转轴 11—计时盘

12—基板 13—限位片 15—销子

四、制订工作计划

查阅相关资料，结合所学知识，了解电子产品简单故障维修的基本步骤，根据任务要求制订本小组的工作计划，并填入表1—1—7中。

表1—1—7　　电风扇简单故障维修工作计划表

团队名称		团队编号		任务名称		任务起止日期		
步骤	计划名称	工作内容				预计完成日期	预计工时	备注
1								
2								
3								
4								
5								
6								

教师审核意见：

教师（签名）：________　　制订计划人（签名）：________

年　月　日

评价与分析

根据每个小组成员在本活动学习过程中的表现情况填写《学习任务过程性考核记录表》（见附表）。

学习活动2 分析故障原因，制定维修方案

学习目标

1. 能描述电风扇的常用维修方法及故障检修流程。
2. 能分析电风扇的常见故障现象。
3. 能合理制定维修方案。

建议学时：16学时。

学习过程

一、了解家用电器的常用维修方法

维修方法是指查找故障部位，确认损坏部件的一些手段和方法。维修水平的高低在很大程度上取决于掌握维修方法的多少及使用的熟练程度。家用电器的常用维修方法有直观检查法、电阻测量法、电压测量法和元件替代法等。试查阅相关资料，了解上述维修方法的操作要点及适用场合，并填写在表1—2—1中。

表1—2—1 家用电器的常用维修方法

维修方法	操作要点	适用场合
直观检查法		

续表

维修方法	操作要点	适用场合
电阻测量法		
电压测量法		
元件替代法		

二、了解电风扇故障检修流程

1. 查阅相关资料，结合图 1—2—1 简述电子产品简单故障检修的一般流程，说明各步骤的工作重点及注意事项。

图 1—2—1　电子产品简单故障检修流程

（1）询问了解故障现象：

（2）判断故障部位及原因：

（3）进行故障维修：

（4）通电调试：

2. 通过询问用户电风扇的使用与故障情况，如电压是否正常，电风扇是否长期停用，电风扇是如何保存放置的，电风扇的工作环境如何，电风扇出现故障后的现象等，可帮助维修人员分析、判断故障的部位，找到造成故障的原因。试结合表 1—2—2 询问用户本任务故障电风扇的使用情况，想一想是否还有其他需要补充了解的情况，并做好记录。

表 **1—2—2** 询问电风扇的使用与故障情况记录表

序号	问题	使用与故障情况
1	电压是否正常	
2	电风扇是否长期停用	

续表

序号	问题	使用与故障情况
3	电风扇是如何保存放置的	
4	电风扇的工作环境如何	
5	电风扇的具体故障现象	
6	电风扇发生故障后的后果	
7	发生故障时有无冒烟	
8	发生故障时是否有异常响声或气味	
9		
10		
11		
12		

3. 电子产品通常是由机械和电气两部分在功能上有机配合组成的，因此其故障一般分为机械故障和电气故障两类，而且往往机械部分出现故障，也会影响到电气部分，也就是

说电气系统出现故障并不全都是电气系统本身的问题，也有可能是机械部件发生故障引起的。所以一般应先检修机械部分所产生的故障，再排除电气部分的故障。试结合图 1—2—2 所示电风扇扇叶不转故障的原因分析流程图，简述如何判断电风扇的故障部位和原因。

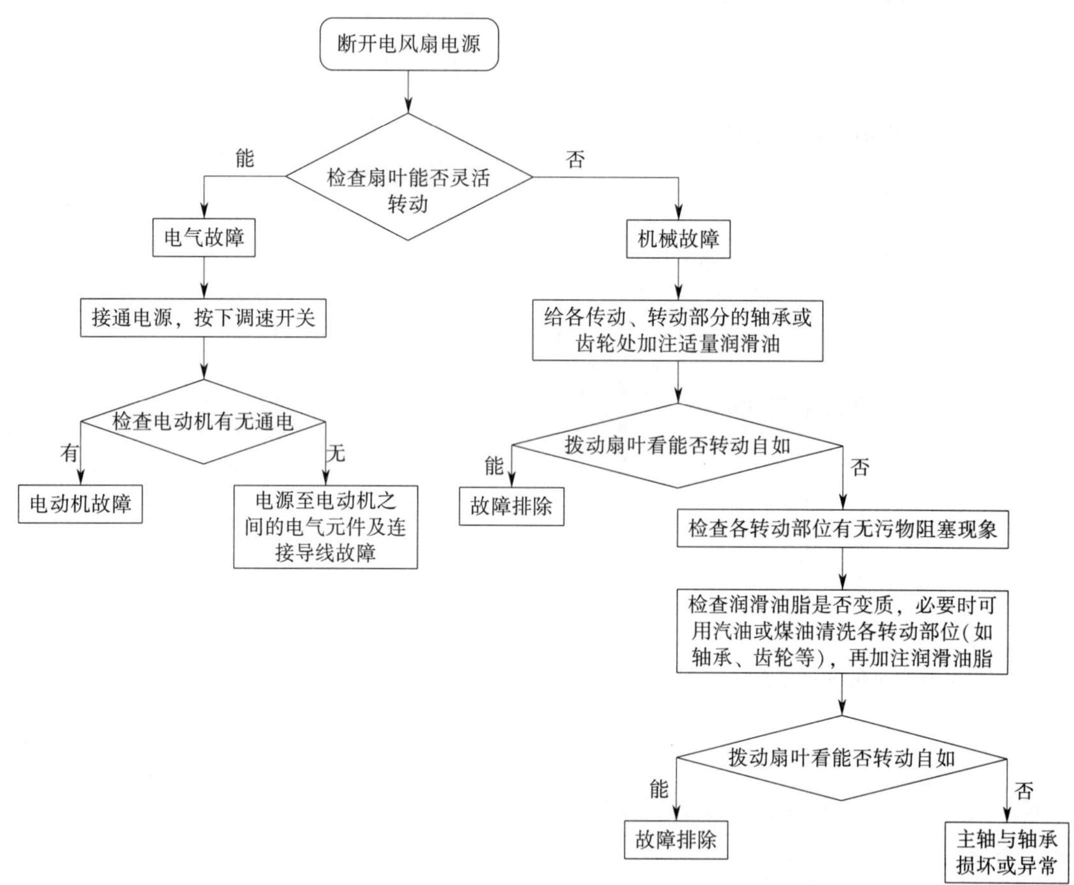

图 1—2—2 电风扇扇叶不转故障的原因分析流程图

4. 如果经分析可判断故障发生在电源至电动机之间的电气元件及其连接导线上，则故障原因可能有哪些?

5. 检修完毕，应进行必要的检测，尤其要着重检测修理部件，并进行通电调试。查阅相关资料，简述电风扇故障排除后应着重检测的项目以及通电试运行时应注意观察的现象。

三、电风扇常见故障分析

电风扇的常见故障有电风扇启动困难、摇头故障、调速键失灵及外壳带电工作等。试查阅相关资料，了解电风扇常见故障的原因和检修方法，并将表 1—2—3 补充完整。

表 **1—2—3** 电风扇常见故障分析

<table>
<tr><th colspan="2">故障现象</th><th>故障原因</th><th>检修方法</th></tr>
<tr><td colspan="2" rowspan="5">电风扇启动困难</td><td>定子绕组匝间短路</td><td>（1）若检查外壳烫手，可能是电流________造成的
（2）若绕组内部短路，应更换________或________绕组</td></tr>
<tr><td>电容器损坏</td><td>检查电容器是否击穿或失效，若电容器损坏，应更换器件</td></tr>
<tr><td>转子断裂</td><td>观察外表面有无转子故障，若有，应更换转子</td></tr>
<tr><td>转子与定子或轴承不同心</td><td>拆开扇叶，检查转动是否灵活，若有____________现象应进行____________调整</td></tr>
<tr><td>转子轴与轴承间润滑不良</td><td>若观察转子轴不能灵活转动，可能是因润滑不良而造成阻滞，应用____________清洗轴承以及转子轴，擦干净后加____________机油</td></tr>
<tr><td rowspan="3">电风扇摇头故障</td><td rowspan="2">摇头不止</td><td>摇头控制钢丝过长</td><td>打开扇头外壳，操作____________控制旋钮，观察杠杆的转动，若杠杆转动的角度____________，说明钢丝过长，可对钢丝进行调整，使离合器上、下齿可靠地啮合和分离</td></tr>
<tr><td>摇头控制钢丝断裂或脱落</td><td>如旋钮转动时的手感很轻松，则说明____________已断裂或脱落，应更换或重新装配</td></tr>
<tr><td>时摇时停</td><td>蜗轮部分齿磨损</td><td>更换蜗轮</td></tr>
<tr><td colspan="2" rowspan="3">电风扇调速键失灵</td><td>电抗器断路</td><td>用万用表测电抗器线圈的____________，如为________，则更换电抗器或重绕电抗器线圈</td></tr>
<tr><td>调速开关故障</td><td>检查调速开关，如已损坏，则予以更换</td></tr>
<tr><td>电动机调速绕组断路</td><td>用万用表测电动机绕组的____________，如____________，则更换电动机或重绕绕组</td></tr>
<tr><td colspan="2" rowspan="3">电风扇外壳带电工作</td><td>电动机绕组绝缘失效</td><td>测量绕组和外壳间的____________，如阻值为____________或变____________，则更换电动机或重绕绕组</td></tr>
<tr><td>电动机绕组短路而损坏绝缘</td><td>打开外壳检查有无焦黑部位和焦臭味，并用万用表进行检查，如____________带电，则更换电动机或重绕绕组</td></tr>
<tr><td>连（焊）接处绝缘脱落</td><td>打开____________或____________检查，重新连（焊）接好，并套上松紧适宜的绝缘套</td></tr>
</table>

四、制定维修方案

1. 电动机、电抗器、定时器及琴键开关等是电风扇的主要电气零部件，若其被烧毁或损坏则需要更换成合格件方可排除故障。试查阅相关资料，简述其检测方法及检测所需工量具。

2. 以小组为单位，针对电风扇的具体故障现象，分析并讨论故障原因，选取合适的维修方法，制定出本小组的维修方案，并填入表 1—2—4 中。

表 1—2—4　　电风扇维修方案

任务名称		任务起止日期		方案制定日期	
序号	维修步骤	具体工作内容	所需资料、材料及工具	负责人	参与人员
1					
2					
3					
4					
5					
6					
7					
8					

教师审核意见：

教师（签名）：____________　　决策人（签名）：____________

年　月　日

评价与分析

根据每个小组成员在本活动学习过程中的表现情况填写《学习任务过程性考核记录表》。

学习活动 3　电风扇简单故障的维修与验收

学习目标

1. 能根据维修方案准备维修工具、材料等，领取、核对所需元器件，并检测元器件的好坏。

2. 能在教师的指导下，严格按照电器维修安全操作规范进行电风扇维修。

3. 能正确记录电风扇维修过程并进行通电调试。

4. 能进行维修成本核算，并分析成本偏高或偏低的原因。

5. 能按照验收标准进行验收，并按照现场 6S 管理规范清点与维护工具，整理工作现场。

建议学时：28 学时。

学习过程

一、工量具及材料准备

1. 填写领料单（表 1—3—1）并领料，核对清单，检验各元器件和工具的品质及数量。

表 1—3—1　　领料单

序号	元器件、材料及工具名称	单位	数量	备注（从外观粗略判断其质量）

续表

序号	元器件、材料及工具名称	单位	数量	备注（从外观粗略判断其质量）

2. 结合前期课程中所学知识，回顾总结常用维修工具的使用方法及注意事项，并填入表 1—3—2 中。

表 **1—3—2** 常用维修工具的使用方法及注意事项

序号	维修工具	工具名称	使用方法及注意事项
1			
2			
3	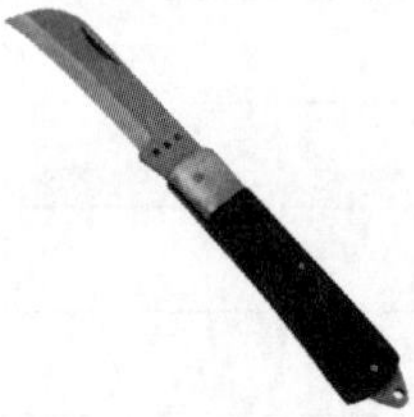		

续表

序号	维修工具	工具名称	使用方法及注意事项
4			
5	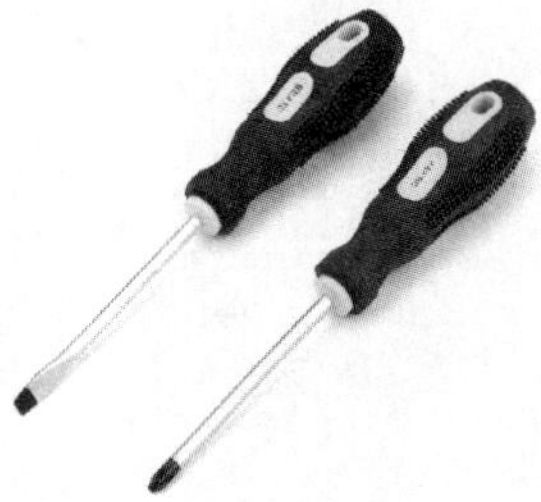		
6	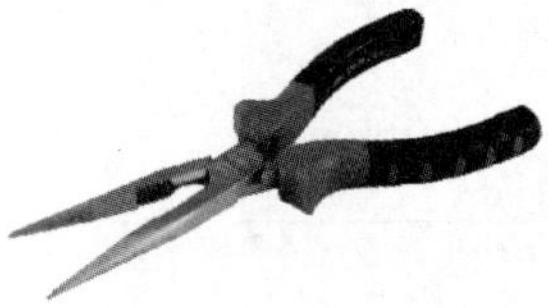		
7	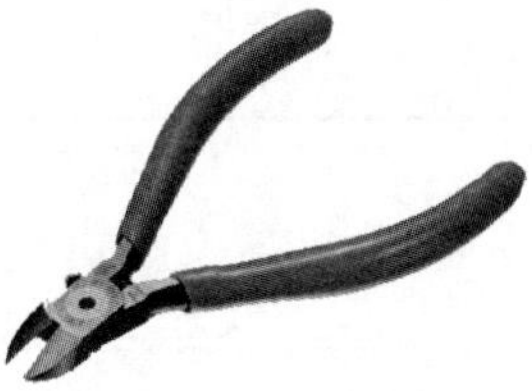		
8			

二、故障检修

1. 根据维修方案实施维修，并填写电风扇维修过程记录表（表 1—3—3）。

表 1—3—3 电风扇维修过程记录表

序号	维修过程记录	更换元器件记录
1		
2		
3		
4		

2. 在进行故障维修时有哪些需要注意的事项?

三、通电调试

1. 电风扇故障排除后，应对哪些元器件进行检查？

2. 经检测一切正常后，通电进行调试，并将调试结果记录在表 1—3—4 中。

表 1—3—4　调试结果记录表

序号	调试项目	调试内容	测试值	是否合格
1				
2				
3				
4				
5				

四、成本核算

对电风扇维修成本进行估算，并与市场报价进行比较，分析成本偏高或偏低的原因。

1. 根据维修材料估算材料成本。

2. 根据维修工时估算人工成本。

3. 根据实际情况估算其他成本。

五、交付验收

1. 正确维护和保养电风扇可以有效地延长其使用寿命。试查阅相关资料，归纳并总结电风扇的存放、维护和保养注意事项，并在交付验收时给出电风扇的维护保养建议。

2. 按表 1—3—5 所示验收标准进行验收并评分。

表 1—3—5　　电风扇简单故障维修验收标准及评分表

序号	验收项目	验收标准	配分（分）	评分	备注
1	电风扇外观	无新划痕、破损、裂缝，无油污，外观整洁、干净、美观	20		
2	电风扇组装	组装结构完整、齐全、正确、无跑偏，方向正确，连接牢固	20		
3	机械连接	机械连接正确，动作灵活	20		
4	电气连接	电气连接正确有效	20		
5	通电运行	整机通电运行时，各部件运动灵活、无碰撞、无异响	20		
客户对项目的验收评价成绩					

3. 记录验收过程中存在的问题，小组讨论解决问题的方法，并记录在表 1—3—6 中。

表 1—3—6　　验收过程问题记录表

序号	验收中存在的问题	改进和完善措施
1		
2		
3		
4		

六、整理工具、清理现场

根据领料单清点所有工具，检查其是否有损坏，若无损坏应交还收发处，若有损坏应及时汇报。同时，整理用剩下的元器件及材料并交还收发处，清理现场，规范填写元器件、材料及工具归还清单（表 1—3—7）。

表 1—3—7　　元器件、材料及工具归还清单

序号	元器件、材料及工具名称	型号及规格	数量	备注
1				
2				
3				
4				
5				

续表

序号	元器件、材料及工具名称	型号及规格	数量	备注
6				
7				
8				
收发处负责人（签字）	年　月　日	团队负责人（签字）	年　月　日	

评价与分析

根据每个小组成员在本活动学习过程中的表现情况填写《学习任务过程性考核记录表》。

学习活动 4　工作总结与评价

学习目标

1. 能按分组情况，分别选派代表展示本组工作成果，并进行自评和互评。

2. 能结合自身任务完成情况，正确规范地撰写工作总结（心得体会）。

3. 能对本任务中出现的问题进行分析，并提出以后的改进措施和办法。

建议学时：4 学时。

学习过程

一、个人、小组评价

以小组为单位，选择演示文稿、展板、海报、视频等形式中的一种或几种，向全班展示、汇报维修成果。在展示的过程中，以小组为单位进行评价；评价完成后，根据其他小组成员对本组展示成果的评价意见进行归纳总结。

汇报思路设计：

其他小组成员的评价意见：

二、教师评价

认真听取教师对本小组展示成果优缺点以及在任务完成过程中出现的亮点和不足的评价意见，并做好记录。

1. 教师对本小组展示成果优点的点评。

2. 教师对本小组展示成果缺点以及改进方法的点评。

3. 教师对本小组在整个任务完成过程中出现的亮点和不足的点评。

三、工作过程回顾及总结

1. 总结完成电风扇简单故障维修任务过程中遇到的问题和困难，列举 2~3 点你认为比较值得和其他同学分享的工作经验。

2. 回顾本学习任务的工作过程，对新学专业知识和技能进行归纳和整理，写一篇字数不少于 600 字的工作总结。

工作总结

评价与分析

按照客观、公正和公平原则，在教师的指导下按自我评价、小组评价和教师评价三种方式对自己或他人在本学习任务中的表现进行综合评价。综合等级按 A（90~100）、B（75~89）、C（60~74）、D（0~59）四个级别进行填写，见表 1—4—1。

表 1—4—1　　学习任务综合评价表

<table>
<tr><th rowspan="2">考核项目</th><th rowspan="2">评价内容</th><th rowspan="2">配分（分）</th><th colspan="3">评价分数</th></tr>
<tr><th>自我评价</th><th>小组评价</th><th>教师评价</th></tr>
<tr><td rowspan="6">职业素养</td><td>劳动保护用品穿戴完备，仪容仪表符合工作要求</td><td>5</td><td></td><td></td><td></td></tr>
<tr><td>安全意识、责任意识、服从意识强</td><td>6</td><td></td><td></td><td></td></tr>
<tr><td>积极参加教学活动，按时完成各项学习任务</td><td>6</td><td></td><td></td><td></td></tr>
<tr><td>团队合作意识强，善于与人交流和沟通</td><td>6</td><td></td><td></td><td></td></tr>
<tr><td>自觉遵守劳动纪律，尊敬师长，团结同学</td><td>6</td><td></td><td></td><td></td></tr>
<tr><td>爱护公物，节约材料，管理现场符合 6S 标准</td><td>6</td><td></td><td></td><td></td></tr>
<tr><td rowspan="3">专业能力</td><td>专业知识扎实，有较强的自学能力</td><td>10</td><td></td><td></td><td></td></tr>
<tr><td>操作积极，训练刻苦，具有一定的动手能力</td><td>15</td><td></td><td></td><td></td></tr>
<tr><td>技能操作规范，注重维修工艺，工作效率高</td><td>10</td><td></td><td></td><td></td></tr>
<tr><td rowspan="2">工作成果</td><td>产品维修符合工艺规范，产品功能满足要求</td><td>20</td><td></td><td></td><td></td></tr>
<tr><td>工作总结符合要求，维修成本低</td><td>10</td><td></td><td></td><td></td></tr>
<tr><td colspan="2">总分</td><td>100</td><td></td><td></td><td></td></tr>
<tr><td rowspan="2">总评</td><td rowspan="2">自我评价×20%+小组评价×20%+教师评价×60%=</td><td>综合等级</td><td colspan="3" rowspan="2">教师（签名）：</td></tr>
<tr><td></td></tr>
</table>

学习任务二　饮水机简单故障维修

学习目标

1. 能接受维修任务，独立核查饮水机的外观、故障现象，并填写维修任务单。

2. 能通过上网查阅，了解饮水机的分类、结构及工作原理。

3. 能描述饮水机的常见故障现象及故障检修流程。

4. 能正确查找饮水机故障点，分析故障原因，并合理制定维修方案。

5. 能根据维修方案准备维修工具、材料等，领取、核对所需元器件，并检测元器件好坏。

6. 能在教师的指导下，严格按照电器维修安全操作规范进行饮水机维修。

7. 能正确记录饮水机维修过程并进行通电调试。

8. 能进行维修成本核算，并分析成本偏高或偏低的原因。

9. 能按照验收标准进行验收，为客户讲解饮水机使用、维护及保养知识，并按照现场 6S 管理规范清点与维护工具，整理工作现场。

10. 能就本次任务中出现的问题提出改进措施，并能与他人合作，展示工作成果，对学习与工作进行总结与反思。

建议学时

54 学时

工作情境描述

学校教师办公室有几台 YRS5K-BX20 型饮水机因出现不能加热、开水后不能保温等故障而不能正常使用，相关负责人向学校综合保障处报修后，学校综合保障处决定由家电维修班的同学承担此次维修任务，要求在两周内完成故障机的诊断与维修，同时还要负责该批饮水机为期一个月的质保，做好成本预算，维修成本不得超过 30 元。

1. 接受饮水机维修任务，认知饮水机（6 学时）
2. 分析故障原因，制定维修方案（16 学时）
3. 饮水机简单故障的维修与验收（28 学时）
4. 工作总结与评价（4 学时）

学习活动 1　接受饮水机维修任务，认知饮水机

学习目标

1. 能接受维修任务，独立核查饮水机的外观、故障现象，并填写维修任务单。

2. 能通过上网查阅，了解饮水机的分类、结构及工作原理。

建议学时：6 学时。

学习过程

一、查看故障现象，填写饮水机故障维修任务单（表 2—1—1）

表 2—1—1　　饮水机故障维修任务单

<table>
<tr><td>任务名称</td><td colspan="3"></td><td>接单日期</td><td></td></tr>
<tr><td>工作地点</td><td colspan="3"></td><td>任务周期</td><td></td></tr>
<tr><td>故障描述</td><td colspan="5"></td></tr>
<tr><td>故障判断</td><td colspan="5"></td></tr>
<tr><td>维修措施</td><td colspan="5"></td></tr>
<tr><td>客户姓名</td><td></td><td>联系电话</td><td></td><td>验收日期</td><td></td></tr>
<tr><td>团队负责人姓名</td><td></td><td>联系电话</td><td></td><td>团队名称</td><td></td></tr>
<tr><td>备注</td><td colspan="5"></td></tr>
</table>

注：“故障判断”和“维修措施”栏需在完成学习活动 2 后填写。

1. 在与客户交接故障饮水机时，应当面进行哪些方面的核查并做好记录?

2. 结合饮水机的故障现象，估算一下维修好这批饮水机需要多少工时。

二、认知饮水机

1. 饮水机的种类有很多，分类方法也不尽相同，常见的有按出水温度分类、按外形结构分类、按供水水源分类等。试查阅相关资料，了解饮水机的种类，并填入表 2—1—2 中。

表 2—1—2　　饮水机的分类

序号	分类依据	种类
1	按出水温度分类	
2	按外形结构分类	
3	按供水水源分类	

2. 通过互联网检索等途径，获取表 2—1—3 中所列饮水机的名称、特点及功能，并记录在表中。

表 **2—1—3**　　饮水机的名称、特点及功能

序号	饮水机	名称	特点及功能
1	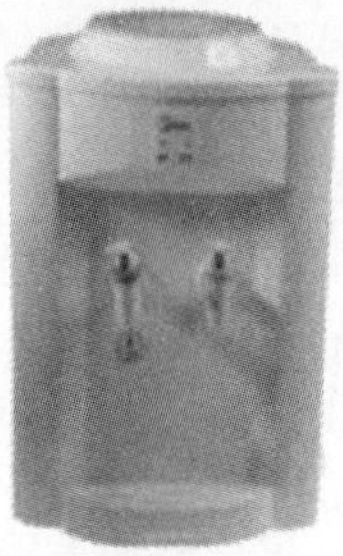		
2			
3			
4			

续表

序号	饮水机	名称	特点及功能
5			

三、了解饮水机的结构与工作原理

1. 常见饮水机的结构

（1）常见温热型饮水机的结构如图 2—1—1 所示。试结合表 2—1—4 所列饮水机各部件名称，通过查阅资料，了解饮水机各组成部件所处的位置及其功能，并将表 2—1—4 补充完整。

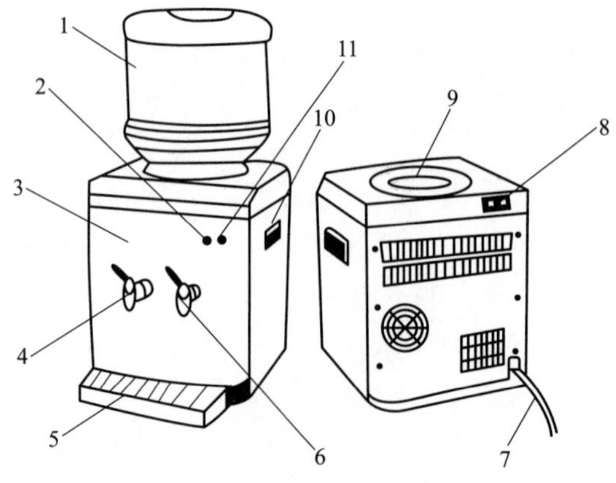

图 2—1—1　温热型饮水机结构图

表 2—1—4　　　饮水机各部件名称及其功能

部件名称	序号	部件功能
电源线		
加热开关		
聪明座		
提手		
保温指示灯		
PC 瓶		
加热指示灯		
箱体		
热水水龙头		
常温水龙头		
接水盘		

（2）常见饮水机加热装置的结构如图 2—1—2 所示。试结合表 2—1—5 所列饮水机加热装置各部件名称，通过查阅资料，了解加热装置的组成及各组成部件的功能，并将表

2—1—5 补充完整。

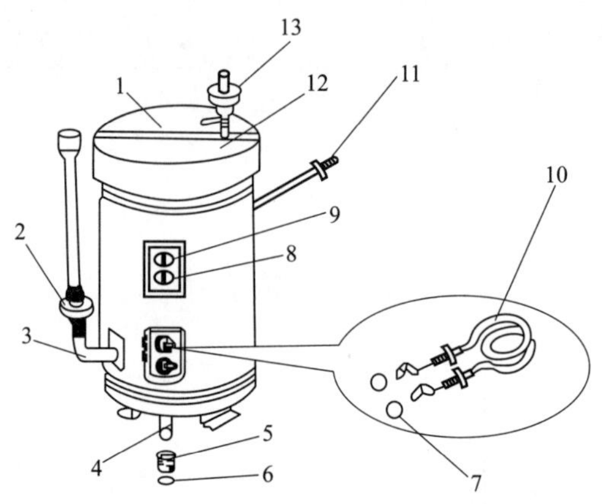

图 2—1—2　饮水机加热装置的结构图

表 **2—1—5**　饮水机加热装置各部件名称及其功能

部件名称	序号	部件功能
保温壳（前）		
保温壳（后）		
排气单向阀		
95℃温控器		
88℃温控器		
电热管		
热水出水接头		
胶塞		
不锈钢卡环		
排水管		
热罐进水管		
进水单向阀		
硅橡胶密封圈		

(3) 传统的饮水机是指用于对水加热的饮水电器，但目前常用的饮水机大多还具有制冷功能，即冷热型饮水机。试查阅相关资料，了解冷热型饮水机的结构，并比较其与温热型饮水机结构有何异同。

(4) 查阅相关资料，简述拆装饮水机的步骤及拆装注意事项。

2. 饮水机的工作原理

（1）分析图 2—1—3 所示温热型饮水机电路原理图，将饮水机的工作原理补充完整。

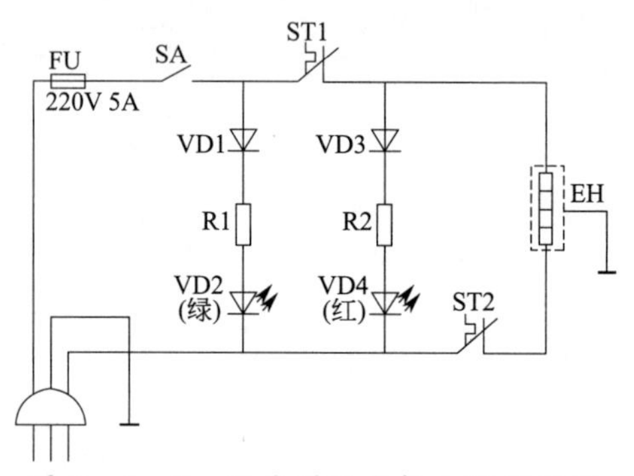

图 2—1—3　温热型饮水机电路原理图

接通电源后，按下开关 SA，__________得到 220 V 交流电压，全功率加热，发光二极管__________与__________同时点亮，做加热和通电指示。当水温达到设定温度（95 ℃）时，__________触点断开，发光二极管 VD2 做通电指示，电路停止对 EH 供电加热，发光二极管__________熄灭。

当水温下降到设定温度（88 ℃）时，__________触点接通加热回路，EH 重新加热，发光二极管__________再次点亮，当水温再次加热到 95 ℃时，__________触点再次断开，切断加热回路。__________反复地使加热电路接通或断开，使水温保持在 88~95 ℃之间。

电路中，____________和____________为双重保护元件。当饮水机超温或发生短路故障时，它们会____________加热回路电源。其中，____________是一次性热保护元件，不可复原；而对____________则只需____________________，即可使其重新工作。

（2）电热器件是由电热材料与绝缘导热材料组合而成的既能通电发热，又能满足特定用途的独立零部件。家用电器中常用的电热器件有电阻式电热器件、红外线电热器件和 PTC 电热器件等。试查阅相关资料，了解其基本原理、特点和应用场合，并说明饮水机中常用的电热器件有哪些。

1）电阻式电热器件的基本原理、特点和应用场合：

2）红外线电热器件的基本原理、特点和应用场合：

3）PTC 电热器件的基本原理、特点和应用场合：

4）饮水机中常用的电热器件：

(3) 图 2—1—4 所示为常用的双金属片温控器外形图，饮水机中的温控器件大多采用该类温控器。试查阅相关资料，简述双金属片温控器的结构及其工作原理。

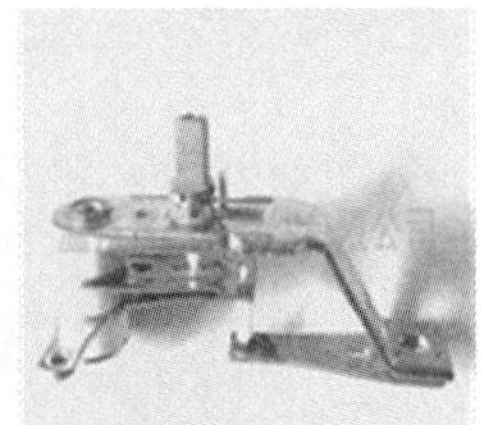
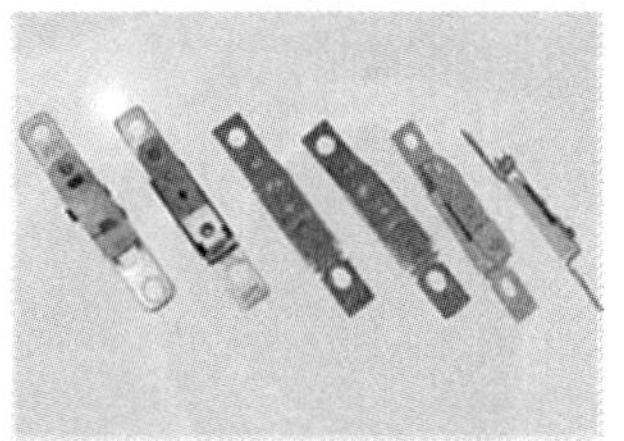

图 2—1—4 双金属片温控器外形

1）双金属片温控器的结构：

2）双金属片温控器的工作原理：

（4）双金属片温控器有常开触点和常闭触点两种类型，如图 2—1—5 所示。试查阅相关资料，简述其工作原理及应用场合。

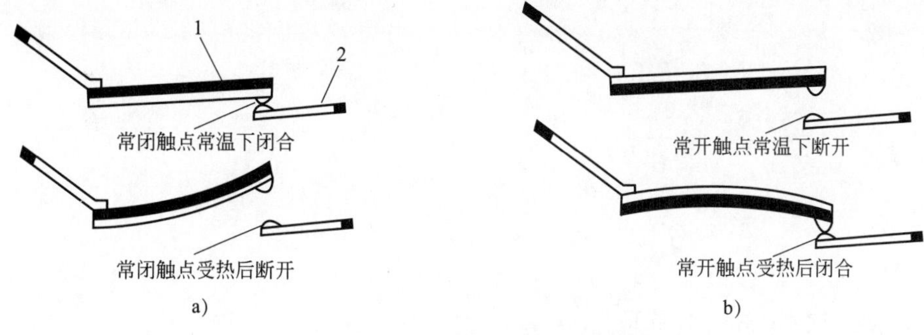

图 2—1—5　双金属片温控器结构

a）常闭触点型　b）常开触点型

1—双金属片　2—电接头

（5）查阅相关资料，了解温度保险器件的作用和常见类型，简述各类温度保险器件的特点和实际应用。

（6）查阅相关资料，了解冷热型饮水机的制冷方式，并简述冷热型饮水机的工作原理。

1）冷热型饮水机的制冷方式：

2）冷热型饮水机的工作原理：

（7）查阅相关资料，了解PN制冷器的作用，并分析其工作原理。

（8）查阅美的 YRS5K-BX20 型消毒/温热饮水机使用说明书，根据图 2—1—6 所示饮水机电路原理图中各部件之间的连接关系，简述该款饮水机的工作原理。

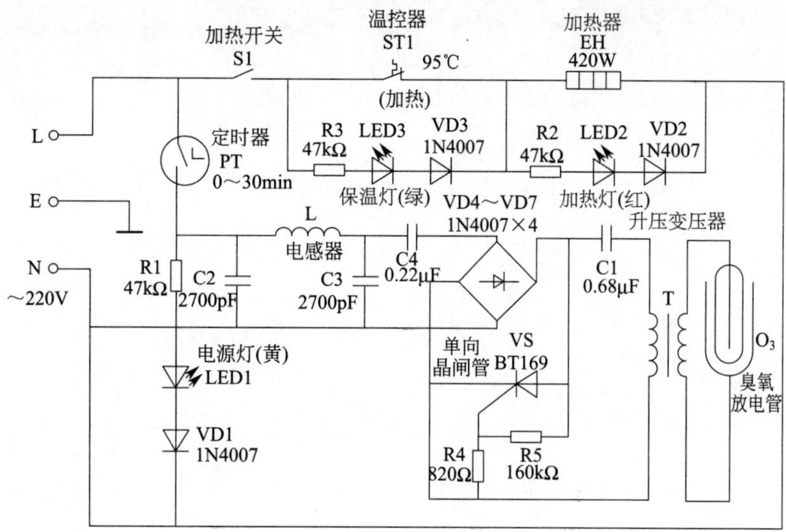

图 2—1—6　美的 YRS5K-BX20 型消毒/温热饮水机电路原理图

四、制订工作计划

查阅相关资料，结合所学知识，了解电子产品简单故障维修的基本步骤，根据任务要求制订本小组的工作计划，并填入表 2—1—6 中。

表 **2—1—6** 饮水机简单故障维修工作计划表

团队名称		团队编号		任务名称		任务起止日期		
步骤	计划名称	工作内容				预计完成日期	预计工时	备注
1								
2								
3								
4								
5								
6								

教师审核意见：

教师（签名）：________　制订计划人（签名）：________

年　月　日

评价与分析

根据每个小组成员在本活动学习过程中的表现情况填写《学习任务过程性考核记录表》。

学习活动 2　分析故障原因，制定维修方案

学习目标

1. 能描述饮水机的常见故障现象及故障检修流程。

2. 能正确查找饮水机故障点，分析故障原因，并合理制定维修方案。

建议学时：16 学时。

学习过程

一、常见故障分析

1. 饮水机的常见故障有饮水机通电无反应、加热水温过高或过低、能加热但指示灯不亮、热水水龙头出水慢或不出水等。试查阅相关资料，了解饮水机的常见故障及其原因和检修方法，并将表 2—2—1 补充完整。

表 2—2—1　饮水机常见故障分析

故障现象	故障原因	检修方法
通电无反应	电源插头与插座接触不良	修理或更换__________或__________
	电热管烧断	更换__________
	熔断器熔断	更换__________
加热水温过高或过低	温控器失灵	更换__________
	温控器安装不良或有异物顶住造成传热不良，影响动作温度	拆下__________，清理安装腔内毛刺、异物和污物后，再在安装腔和__________面上涂一层硅胶，装回即可
能加热但指示灯不亮	发光二极管损坏	更换__________
	限流电阻变值	更换__________

续表

故障现象	故障原因	检修方法
热水水龙头出水慢或不出水	聪明座入水口被异物堵塞	清除__________
	热罐进水口有异物堵塞	清除__________
	热罐进水管或热水出水管扭曲	检查__________和__________，重新安装

2. 查阅相关资料，结合生活实际想一想，除上述常见故障外，饮水机还有哪些常见故障，引起这些故障的原因是什么。

二、制定维修方案

1. 饮水机的常见故障多是由电气故障造成的。试查阅相关资料，结合所学知识，归纳总结出排除饮水机电气故障的常用方法。

2. 画出饮水机加热水温过高或过低故障的检修流程图，并简述检修加热故障的操作步骤和方法。

3. 查阅相关资料，并结合所学知识想一想，排除元器件故障的基本方法有哪些，各适用于哪些场合。

4. 饮水机的主要电气元器件有温控器、热熔断器、加热器、直流电动机、PN 制冷器、制冷温度传感器等，无论是在排查故障部位时还是在通过替换元器件排除故障时，都需要通过检测确定这些元器件的质量好坏。试查阅相关资料，简述上述元器件的检测方法及检测所需工量具。

（1）温控器的检测方法及检测所需工量具：

（2）热熔断器的检测方法及检测所需工量具：

（3）加热器的检测方法及检测所需工量具：

（4）直流电动机的检测方法及检测所需工量具：

（5）PN 制冷器的检测方法及检测所需工量具：

（6）制冷温度传感器的检测方法及检测所需工量具：

5. 以小组为单位，针对饮水机的具体故障现象，分析并讨论故障原因，选取合适的维修方法，制定出本小组的维修方案，并填入表 2—2—2 中。

表 2—2—2　　饮水机维修方案

任务名称		任务起止日期		方案制定日期	
序号	维修步骤	具体工作内容	所需资料、材料及工具	负责人	参与人员
1					
2					
3					
4					
5					
6					
7					
8					

教师审核意见：

教师（签名）：________　　决策人（签名）：________

年　月　日

评价与分析

根据每个小组成员在本活动学习过程中的表现情况填写《学习任务过程性考核记录表》。

学习活动3　饮水机简单故障的维修与验收

学习目标

1. 能根据维修方案准备维修工具、材料等，领取、核对所需元器件，并检测元器件好坏。

2. 能在教师的指导下，严格按照电器维修安全操作规范进行饮水机维修。

3. 能正确记录饮水机维修过程并进行通电调试。

4. 能进行维修成本核算，并分析成本偏高或偏低的原因。

5. 能按照验收标准进行验收，为客户讲解饮水机使用、维护及保养知识，并按照现场6S管理规范清点与维护工具，整理工作现场。

建议学时：28学时。

学习过程

一、工量具及材料准备

填写领料单（表2—3—1）并领料，核对清单，检验各元器件和工具的品质及数量。

表**2—3—1**　　　　领料单

序号	元器件、材料及工具名称	单位	数量	备注（从外观粗略判断其质量）

续表

序号	元器件、材料及工具名称	单位	数量	备注（从外观粗略判断其质量）

二、故障检修

1. 根据维修方案实施维修，并填写饮水机维修过程记录表（表 2—3—2）。

表 **2—3—2**　　饮水机维修过程记录表

序号	维修过程记录	更换元器件记录
1		
2		
3		
4		

2. 在进行故障维修时有哪些需要注意的事项?

三、通电调试

1. 饮水机故障排除后，应对哪些元器件进行检查?

2. 根据饮水机电路原理图检测电路连接正确无误，饮水机组装无漏水现象后，通电进行调试，并将调试结果记录在表 2—3—3 中。

表 2—3—3　　调试结果记录表

序号	调试项目	调试内容	测试值	是否合格
1				
2				
3				
4				
5				

四、成本核算

对饮水机维修成本进行估算，并与市场报价进行比较，分析成本偏高或偏低的原因。

1. 根据维修材料估算材料成本。

2. 根据维修工时估算人工成本。

3. 根据实际情况估算其他成本。

五、交付验收

1. 查阅相关资料，归纳并总结饮水机的使用、维护和保养注意事项，并在交付验收时给出饮水机的维护保养建议。

2. 按表 2—3—4 所示验收标准进行验收并评分。

表 2—3—4　　饮水机简单故障维修验收标准及评分表

序号	验收项目	验收标准	配分（分）	评分	备注
1	饮水机外观	无新划痕、破损、裂缝，无油污，外观整洁、干净、美观	15		
2	元器件	维修或自制的元器件能满足正常使用要求，更换的元器件能证明其为全新元器件	25		
3	控制线路	导线位置连接正确、牢固，焊点光滑、无虚焊和漏焊，导线绝缘处理工艺符合要求	25		
4	整机装配	整机组装时，元器件、导线位置正确，安装牢固，螺钉无漏装现象	20		
5	通电运行	整机通电运行时，能满足功能要求	15		
客户对项目的验收评价成绩					

3. 记录验收过程中存在的问题，小组讨论解决问题的方法，并记录在表 2—3—5 中。

表 2—3—5 验收过程问题记录表

序号	验收中存在的问题	改进和完善措施
1		
2		
3		
4		

六、整理工具、清理现场

根据领料单清点所有工具，检查其是否有损坏，若无损坏应交还收发处，若有损坏应及时汇报。同时，整理用剩下的元器件及材料并交还收发处，清理现场，规范填写元器件、材料及工具归还清单（表 2—3—6）。

表 2—3—6 元器件、材料及工具归还清单

序号	元器件、材料及工具名称	型号及规格	数量	备注
1				
2				
3				
4				
5				
6				

续表

序号	元器件、材料及工具名称	型号及规格	数量	备注
7				
8				
收发处负责人（签字）	年　月　日	团队负责人（签字）	年　月　日	

评价与分析

根据每个小组成员在本活动学习过程中的表现情况填写《学习任务过程性考核记录表》。

学习活动4 工作总结与评价

学习目标

1. 能按分组情况，分别选派代表展示本组工作成果，并进行自评和互评。

2. 能结合自身任务完成情况，正确规范地撰写工作总结（心得体会）。

3. 能对本任务中出现的问题进行分析，并提出以后的改进措施和办法。

建议学时：4学时。

学习过程

一、个人、小组评价

以小组为单位，选择演示文稿、展板、海报、视频等形式中的一种或几种，向全班展示、汇报维修成果。在展示的过程中，以小组为单位进行评价；评价完成后，根据其他小组成员对本组展示成果的评价意见进行归纳总结。

汇报思路设计：

其他小组成员的评价意见：

二、教师评价

认真听取教师对本小组展示成果优缺点以及在任务完成过程中出现的亮点和不足的评价意见，并做好记录。

1. 教师对本小组展示成果优点的点评。

2. 教师对本小组展示成果缺点以及改进方法的点评。

3. 教师对本小组在整个任务完成过程中出现的亮点和不足的点评。

三、工作过程回顾及总结

1. 总结完成饮水机简单故障维修任务过程中遇到的问题和困难，列举 2~3 点你认为比较值得和其他同学分享的工作经验。

2. 回顾本学习任务的工作过程，对新学专业知识和技能进行归纳和整理，在计算机上写一篇字数不少于 800 字的工作总结，并打印成稿粘贴在下面的空白处。

工作总结

评价与分析

按照客观公正和公平原则，在教师的指导下按自我评价、小组评价和教师评价三种方式对自己或他人在本学习任务中的表现进行综合评价。综合等级按 A（90~100）、B（75~89）、C（60~74）、D（0~59）四个级别进行填写，见表 2—4—1。

表 2—4—1 学习任务综合评价表

考核项目	评价内容	配分（分）	评价分数		
			自我评价	小组评价	教师评价
职业素养	劳动保护用品穿戴完备，仪容仪表符合工作要求	5			
	安全意识、责任意识、服从意识强	6			
	积极参加教学活动，按时完成各项学习任务	6			
	团队合作意识强，善于与人交流和沟通	6			
	自觉遵守劳动纪律，尊敬师长，团结同学	6			
	爱护公物，节约材料，管理现场符合 6S 标准	6			
专业能力	专业知识扎实，有较强的自学能力	10			
	操作积极，训练刻苦，具有一定的动手能力	15			
	技能操作规范，注重维修工艺，工作效率高	10			
工作成果	产品维修符合工艺规范，产品功能满足要求	20			
	工作总结符合要求，维修成本低	10			
总分		100			
总评	自我评价×20%+小组评价×20%+教师评价×60%=	综合等级	教师（签名）:		

学习任务三　手机简单故障维修

学习目标

1. 能与售后服务部门进行沟通，了解报修手机种类、型号、故障现象及造成故障的原因并当场对故障机进行核查，正确填写维修任务单。

2. 能通过上网查阅，了解手机的分类、型号、结构及工作原理，熟悉手机电路中常用英文标识的含义。

3. 能正确识别手机的常用元器件及部件。

4. 能说出手机的常见故障现象以及不开机、按键失灵、找不到网络、听筒无声音、不能充电等常见故障的维修流程。

5. 能正确查找故障点，分析手机故障原因，并合理制定维修方案。

6. 能根据维修方案准备维修工具、材料等，领取、核对所需元器件，并检测元器件好坏。

7. 能熟练使用手机维修工具拆装手机，使用万用表检测电压，使用稳压电源测试开机电流。

8. 能熟练使用电烙铁和热风枪更换 SMT 元器件和集成电路。

9. 维修过程中能严格遵守防静电的相关要求。

10. 能进行手机功能测试，检测其拆装质量。

11. 能对手机系统软件进行重装、升级等操作。

12. 手机故障排除后，能全面检测手机的软、硬件设置是否正确，确保组装质量、软件设置符合要求。

13. 能进行维修成本核算，并分析成本偏高或偏低的原因。

14. 能按照验收标准交付客户验收，并为客户讲解手机的使用、维护及保养知识。

15. 能按照现场6S管理规范清点与维护工具，整理工作现场。

16. 能独立撰写检修工作小结，阐述检修过程、检修过程中出现的问题以及解决方案等。

建议学时

108学时

工作情境描述

手机售后服务维修站接收到一批故障手机，主要表现为手机不能开机、按键失灵、听筒无声音、找不到网络、不能充电等，现要求维修工作人员根据客户的反馈信息，结合相关技术资料分析手机简单工作原理，确定手机故障原因，并制定维修方案，排除手机故障。维修后手机不出现新的故障且外壳无刮痕，维修时间为四周。

工作流程与活动

1. 接受手机维修任务，认知手机（18学时）
2. 分析故障原因，制定维修方案（36学时）
3. 手机简单故障的维修与验收（48学时）
4. 工作总结与评价（6学时）

学习活动1　接受手机维修任务，认知手机

学习目标

1. 能与售后服务部门进行沟通，了解报修手机种类、型号、故障现象及造成故障的原因并当场对故障机进行核查，正确填写维修任务单。

2. 能通过上网查阅，了解手机的分类、型号、结构及工作原理，熟悉手机电路中常用英文标识的含义。

3. 能正确识别手机的常用元器件及部件。

建议学时：18学时。

学习过程

一、查看故障现象，填写手机故障维修任务单（表3—1—1）

表3—1—1　手机故障维修任务单

任务名称		接单日期	
工作地点		任务周期	
故障描述			
故障判断			
维修措施			

续表

客户姓名		联系电话		验收日期	
团队负责人姓名		联系电话		团队名称	
备注					

注：“故障判断”和“维修措施”栏需在完成学习活动 2 后填写。

1. 查阅相关资料，摘抄手机维修业务咨询注意事项。

2. 在与客户交接故障手机时，应当面进行哪些方面的核查并做好记录？

二、认知手机

1. 手机的类型

（1）手机主要可分为功能手机和智能手机两大类。查阅相关资料，举例说明什么是功能手机，什么是智能手机，比较二者的主要区别。

1）功能手机举例：

2）智能手机举例：

3）功能手机和智能手机的区别：

（2）当前流行的手机中，大屏幕触屏手机占据了绝大部分市场，而在发展的过程中，从采用非触摸带实体键盘的直板、翻盖、滑盖等结构到全触摸屏设计，从黑白屏幕到彩色屏幕，从单调的MIDI铃音到强大的音乐播放功能，各种不同样式的手机也都曾广泛流行（图3—1—1）。查阅相关资料，了解手机的发展历史，用举例的方式说明各个时期流行的手机具有的特点，并记录在表3—1—2中。（还可以小组为单位，通过PPT或海报等形式进行展示）

图3—1—1　各个时期流行的典型手机

表 3—1—2　　各个时期流行的典型手机

序号	手机品牌及型号	流行使用时间	特点及功能
1			
2			
3			
4			
5			
6			

2. 手机的规格型号及主要参数

（1）手机的规格型号

每一款手机都有一个特定的型号，但不同手机生产厂商对手机型号的规定不同，一般可通过以下几种查询方法获得手机的型号。

方法一：通过产品入网许可标签查看。对于可拆卸电池的手机，该标签一般位于电池仓底部，可打开后盖，拆下电池查看。对于电池不可拆卸的手机，一般在出厂时粘贴在背部的保护膜上。

方法二：打开蓝牙设置，可看到手机名称或设备名称，这个名称的默认值即为手机型号，应注意该信息一般是不允许用户随意修改的。

方法三：对于智能手机，还可在系统设置的“关于设备”等菜单中，查询设备具体的参数信息，其中即包含手机型号。

方法四：用数据线将手机和计算机连接，计算机上的“手机助手”等软件可自动检测出手机的型号。

选取三种不同品牌的手机，通过上述查询方法获取手机的主要参数，并填写在表3—1—3中。

表 3—1—3　　手机主要参数

手机品牌			
手机型号			
网络支持			
屏幕大小			
屏幕分辨率			
电池容量			
CPU 主频			
运行内存			
操作系统			

（2）手机的网络制式

1）从最早的“大哥大”手机诞生至今，随着技术的发展，第四代移动通信技术（即4G 技术）已广泛普及，第五代移动通信技术（5G 技术）目前正在研发中。查阅相关资料，简要说明各代移动通信技术的主要特点，并填写在表 3—1—4 中。

表 3—1—4　　各代移动通信技术的特点

序号	移动通信技术	特点
1	2G 技术	

续表

序号	移动通信技术	特点
2	3G 技术	
3	4G 技术	
4	5G 技术	

2）目前，我国各运营商均同时提供 2G、3G 和 4G 服务，而所用的网络制式又各有不同。查阅相关资料，简要说明移动、联通、电信三家运营商分别提供哪些网络制式的服务。

（3）手机屏幕的尺寸和分辨率

1）手机屏幕一般以英寸为单位。查阅相关资料，说明手机屏幕的尺寸是如何定义的。

2）从早期的 1 英寸多的小屏幕到现在 5 英寸以上的大屏幕，手机的屏幕越来越大。试通过互联网检索等途径，了解并列举当前主流手机产品的屏幕尺寸。

3）手机屏幕的清晰度和显示效果除了和尺寸有关，还与屏幕的分辨率有关。查阅相关资料，说明手机的分辨率是如何定义的。苹果公司在其 iphone 4 产品上首次提出了“视网膜屏”的概念，其含义是什么?

4）通过互联网检索等途径，了解并列举当前主流手机产品所采用的分辨率。

（4）什么是手机的 CPU? 它的主要功能是什么?

(5) 什么是手机内存？它的主要功能是什么？

(6) 与计算机类似，智能手机的工作也是以操作系统为基础的。查阅相关资料，说出当前主要的手机操作系统有哪几种，曾经流行过的手机操作系统有哪些，并以举例的方式对比其主要特点和差别。

三、了解手机的结构

常见智能手机的结构如图 3—1—2 所示。通过查阅手机说明书或互联网检索等途径，识别手机的各组成部件，将其对应序号填写在表 3—1—5 中，并说明主要部件的功能。

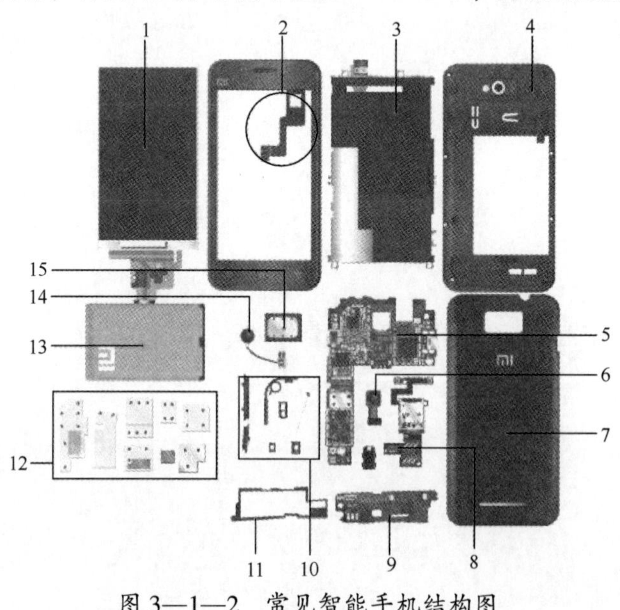

图 3—1—2 常见智能手机结构图

表 **3—1—5**　手机主要部件及其功能

部件名称	序号	部件功能
芯片屏蔽罩		
摄像头		
手机电池		
触摸屏控制器		
金属信号屏蔽		
电路板保护壳		
主板		
SIM 卡插槽		
手机按键		
手机屏幕		
附属板		
听筒（扬声器）		

续表

部件名称	序号	部件功能
话筒		
扬声器胶垫		
背壳		

四、识别手机常用元器件

智能手机主板是智能手机最主要的组成部分之一，其上装接着非常多的电子元器件，正确识别这些电子元器件是手机维修人员必须具备的技能。试查阅相关资料，回答下列问题。

1. 电阻、电容和电感是手机主板上最基本的电子元件，外形如图 3—1—3 所示，其数量约占手机主板的 80%，能正确识别这三类电子元件也就认识了手机主板上 80% 的元件。试简述手机主板上常用电阻、电容和电感的种类、标称值标注方法和封装形式。

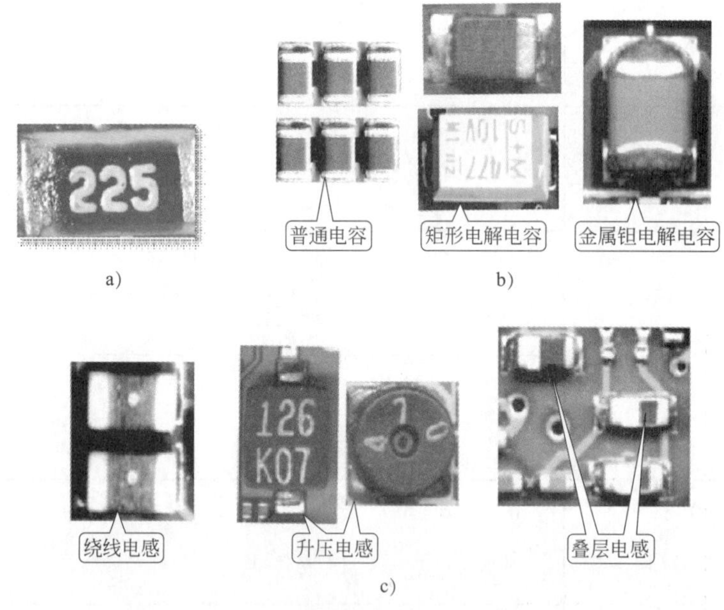

图 3—1—3 电阻、电容、电感外形图

a）电阻 b）电容 c）电感

（1）手机中电阻的种类、标称值标注方法和封装形式。

（2）手机中电容的种类、标称值标注方法和封装形式。

（3）手机中电感的种类、标称值标注方法和封装形式。

2. 智能手机中的元器件除电阻、电感和电容外，还包括表 3—1—6 所列的二极管、三极管等常用器件。识别表 3—1—6 所列手机常用器件，写出其封装形式和标称值。

表 3—1—6　　手机常用器件

序号	图示	器件封装形式和标称值
1		名称：二极管 封装形式：________
2		名称：三极管 封装形式：________
3	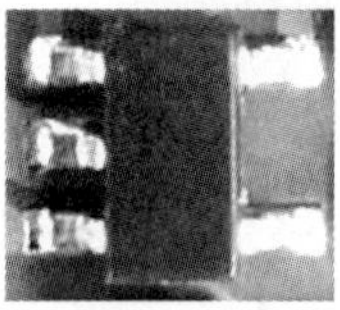 	名称：集成电路 封装形式：________
4	  发射VCO	名称：本振电路 封装形式：________
5	 	名称：晶振 标称值：________ 封装形式：________
6	 	名称：滤波器 封装形式：________

续表

序号	图示	器件封装形式和标称值
7		名称：集成电路 封装形式：____________
8		名称：天线开关 封装形式：____________
9		名称：集成电路 封装形式：____________
10		名称：集成电路 封装形式：____________

五、了解手机的工作原理

手机实现通信功能是由三部分电路协调工作的结果，这三部分电路分别是：射频电路、逻辑控制电路和电源电路。

1. 射频电路主要包括天线开关电路、接收电路、发射电路、变频器及中频电路等。接收信号时，射频接收电路负责将天线感应的高频信号处理、转换为音频信号；发射信号时，射频发射电路将音频信号处理、转换为高频信号由天线发送出去。查阅相关资料，了解手机射频电路的工作原理，并回答下列问题。

（1）结合图 3—1—4 所示手机射频接收电路方框图，简述手机接收信号的工作原理。

图 3—1—4 手机射频接收电路方框图

（2）结合图 3—1—5 所示手机射频发射电路方框图，简述手机发射信号的工作原理。

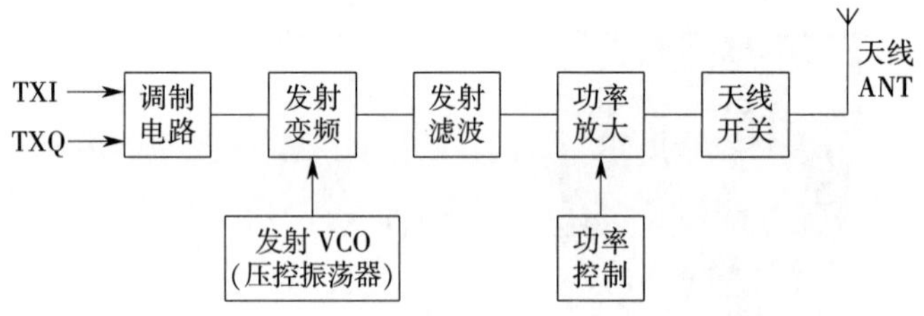

图 3—1—5 手机射频发射电路方框图

（3）结合图 3—1—6 所示手机功能电路方框图，简述手机的基本工作原理。

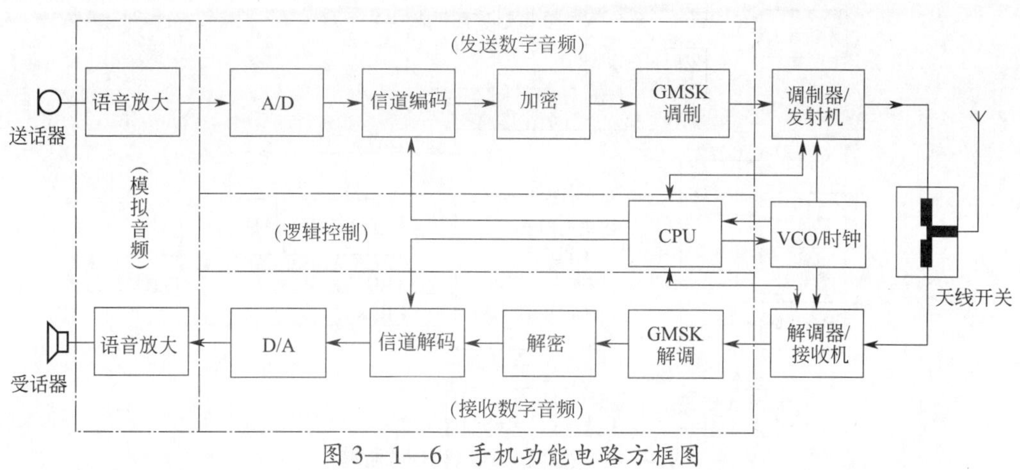

图 3—1—6　手机功能电路方框图

2. 手机逻辑控制电路是由中央处理器（CPU）、存储器（RAM、ROM）、输入输出接口（I/O）和总线（BUS）构成的微控制器系统，如图 3—1—7 所示。逻辑控制电路是整部手机的指挥中心，CPU 是总指挥，是逻辑控制系统的核心，对手机射频部分进行控制（包括接收、发射及频率合成），控制开关机、键盘、显示，控制其他集成电路及相互之间的数据传送。查阅相关资料，了解手机逻辑控制电路的工作原理，并回答下列问题。

（1）手机开机必须具备供电、时钟、复位、软件和开机维持五方面的条件，即电源稳压集成电路工作正常、主时钟工作正常、复位正常、软件正常、维持信号正常。试说出手机开机必备条件的具体内容，并填写在表 3—1—7 中。

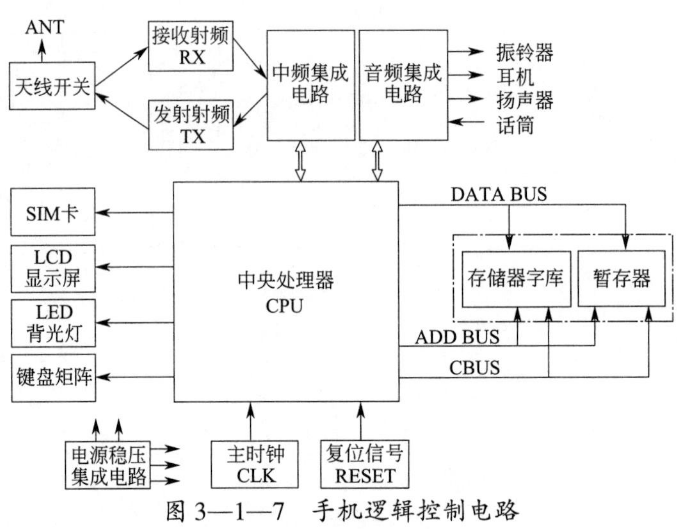

图 3—1—7 手机逻辑控制电路

表 **3—1—7** 手机开机必备条件说明

序号	开机条件	具体内容
1	供电条件	手机的供电方式： 供电电路的组成：
2	时钟条件	主时钟频率：
3	复位条件	CPU 送出复位信号的位置：
4	软件条件	软件的三总线：
5	开机维持条件	开机维持信号来自于：

（2）结合图 3—1—7 简述手机正常开机和关机的工作过程。

3. 查阅相关资料，在表 3—1—8 中补齐手机各主要功能电路的作用。

表 3—1—8　　手机各主要功能电路的作用

序号	名称	作用
1	电源电路	
2	充电电路	
3	时钟电路	
4	接收电路	

续表

序号	名称	作用
5	发射电路	
6	本振电路	
7	SIM 卡电路	
8	送话电路	
9	受话电路	
10	其他功能电路	

小资料

表 3—1—9　　手机电路中常见英文标识的含义

序号	英文	中文	序号	英文	中文
1	ADDRESS	地址线	26	CHARG-	充电电源负极
2	AF	音频	27	CLK	时钟
3	AFC	自动频率控制	28	COL	列地址线
4	AGC	自动增益控制	29	COM	串口
5	ALRT	铃声电路	30	CONNECTOR	连接器
6	AMP	放大器	31	CPU	中央处理器
7	ANT	天线	32	CRYSTAL	晶振
8	ANTSW	天线开关控制信号	33	DATA	数据
9	BACKLIGHT	背光	34	DB	数据总线
10	BAND	频段	35	DCIN	外接电源输入
11	B+	电源	36	DCON	直流接通
12	BATT	电池	37	DCS	数字通信系统
13	BOOT	屏蔽罩	38	DEMOD	解调
14	BS	基站	39	DISPLAY	显示
15	BUFFER	缓冲放大器	40	EAR	听筒
16	BUS	通信总线	41	EEPROM	电可擦除只读存储器
17	BUZZ	蜂鸣器	42	EXT	外接
18	BW	带宽	43	FDMA	频分多址
19	CARD	卡	44	FM	调频
20	CDMA	码分多址	45	FILTER	滤波器
21	CELL	小区	46	FLASH	闪存
22	CELLULAR	蜂窝	47	GAIN	增益
23	CH	信道	48	GSM	全球数字通信系统
24	CHECK	检查	49	HOOK	外接免提状态
25	CHARG+	充电电源正极	50	HPF	高通滤波器

续表

序号	英文	中文	序号	英文	中文
51	IFVCO	中频 VCO	74	OSC	振荡器
52	IMEI	国际移动设备代码	75	OUT	输出
53	IN	输入	76	PA	功率放大器
54	INFRAREDRAY	红外线	77	POWCONTROL	功率控制
55	KEYBOARD	键盘	78	PWR-SW	开机信号
56	LCD	液晶显示器	79	RAM	随机存储器
57	LED	发光二极管显示器	80	R/W	读写
58	LOGIC	逻辑	81	REF	参考
59	LPF	低通滤波器	82	RESET	复位
60	MDM	调制解调	83	RF	射频
61	MEMORY	存储器	84	RTC	实时时钟控制
62	MENU	菜单	85	RX/TX	接收/发射
63	MF	陶瓷滤波器	86	SIM	用户识别码
64	MIC	送话器	87	SPEAKER	扬声器、听筒
65	MIX	混频器	88	STDBY	待机
66	MOBILE	移动	89	SW	开关
67	MOD	调制	90	UPDATE	升级
68	MODEM	调制解调器	91	VBATT	电池电压
69	MUTE	静音	92	VCC	电源
70	NI-H	镍氢	93	VCO	压控振荡器
71	NI-G	镍镉	94	VDD	正电源输入
72	NONETWORK	无网络	95	WATCHDOG	看门狗
73	ON/OFF	开关机控制	96	WD-CP	看门狗脉冲

六、制订工作计划

查阅相关资料，结合所学知识，根据任务要求制订本小组的工作计划，并填入表 3—1—10 中。

表 **3—1—10**　　手机简单故障维修工作计划表

团队名称		团队编号		任务名称		任务起止日期		
步骤	计划名称	工作内容				预计完成日期	预计工时	备注
1								
2								
3								
4								
5								
6								

教师审核意见：

教师（签名）：____________　　制订计划人（签名）：____________

年　月　日

评价与分析

根据每个小组成员在本活动学习过程中的表现情况填写《学习任务过程性考核记录表》。

学习活动 2　分析故障原因，制定维修方案

学习目标

1. 能说出手机的常用维修方法以及维修原则。

2. 能说出手机不开机、按键失灵、找不到网络、听筒无声音、不能充电等常见故障的维修流程。

3. 能正确查找故障点，分析手机故障原因，并合理制定维修方案。

建议学时：36 学时。

学习过程

一、了解手机维修方法与原则

1. 查阅相关资料，了解手机的常用维修方法，并将表 3—2—1 补充完整。

表 3—2—1　　手机常用维修方法

序号	维修方法	要点说明	适用场合	备注
1	询问法	当拿到一部故障手机时，应首先询问用户在什么样的情况下出现了故障、是否维修过等。针对用户反映的情况以及故障现象，判断故障发生的部位。如被摔过的手机，应考虑手机芯片有无虚焊、断点、元件脱落、线路板断裂等现象；进水的手机，应考虑电源模块有无损坏，铜箔及管脚有无生锈、腐蚀、断线；维修过的手机，应注意芯片是否被动过或调换，元件有无装错等	一般用于维修的前期，接待客户场合。询问手机产生故障前后的具体过程，有助于判断手机故障现象	
2	直观法	通过询问后再进行直观检查，可发现一些故障。如摔过的手机外壳有裂痕，应重点检查线路板上对应被摔处的元件有无脱落、断线；进水的手机主板上有水渍，甚至生锈，应检查引脚间有无杂物等；按键不正常，应检查按键点上有无氧化引起接触不良；用吹气法判断话筒是否正常		

续表

序号	维修方法	要点说明	适用场合	备注
3	比较法	检修手机时，认为某些元件的型号、位置、电压值、电流值和波形不正常时，可与同型号的正常手机主板相对应的部位进行比较。如三极管、电阻、电容是否装错，阻值是否正常，某两点是否连接等，通过比较很快可查出故障		
4	代替法	当怀疑某个元器件有问题时，可以从正常手机上拆下相同的元器件装机试验。如果代替后故障排除，说明原元器件已损坏；如果代替后故障仍然存在，说明问题不在此元器件，应继续查找。代替法适用于手机中所有的元器件，在某些情况下还可以用单频元器件代替双频元器件，如常用 14 系列单频功放代替日立公司的双频功放，但只能在只有 GSM 频段的地区使用		
5	清洗法	手机进水或长时间使用进入灰尘，使元器件之间绝缘电阻减小而造成故障时，可用超声波清洗仪进行清洗，从而排除故障。如三星手机出现“系统失败请与系统服务商联系”的故障，大多是尾插与外部设备连接的时钟、数据传输线上的元器件漏电或短路引起的，可先清洗尾插部分，一般即可排除。因氧化引起的按键失灵，用印制电路板清洗剂擦洗即可		
6	波形法	手机正常工作时，电路在不同的工作状态下的信号波形也不同。在检修故障时，用示波器测信号波形是否正常，可快速判断出故障发生的部位。例如，检修无信号故障时，应先测有无正常的接收基带信号，以判断是射频电路还是逻辑控制电路的问题。若有正常的接收基带信号，说明射频电路正常，问题在逻辑控制电路。在检修不发射故障时，同样可以通过测有无正常的发射基带信号来判断故障是逻辑控制电路还是射频电路引起的		
7	软件法	供电电压不稳定、吹焊存储器时温度不当、软件程序本身问题、存储器本身性能不良等易造成软件资料丢失或错乱，导致不开机、无网络或其他软件故障，通常用免拆机维修仪重写软件资料解决。若不联机，可拆下字库或码片，用 48 编程器编程，如出现写不进或显示字库损坏，说明存储器本身损坏		
8	补焊法	手机在使用过程中，因按键、翻盖频繁或被摔等，容易出现虚焊或接触不良而引起多种故障，通过放大镜观察或用按压法判断出故障部位，进行补焊即可解决问题		
9	分析法	了解手机的结构和工作原理，根据发生的故障现象进行分析、判断，可快速找到故障部位		

2. 查阅相关资料，了解手机维修的基本原则，将手机维修原则的具体含义填写在表 3—2—2 中。

表 **3—2—2** 手机维修原则

序号	维修原则	具体含义
1	先了解后动手	
2	先简后繁，先易后难	
3	先电源后整机	
4	先通病后特殊	
5	先末级后前级	

二、了解手机的常见故障及其维修流程

1. 手机按键、听筒、话筒故障的维修流程

（1）维修手机按键故障的参考流程如图 3—2—1 所示，试结合该参考流程图简述手机按键故障的维修方法。

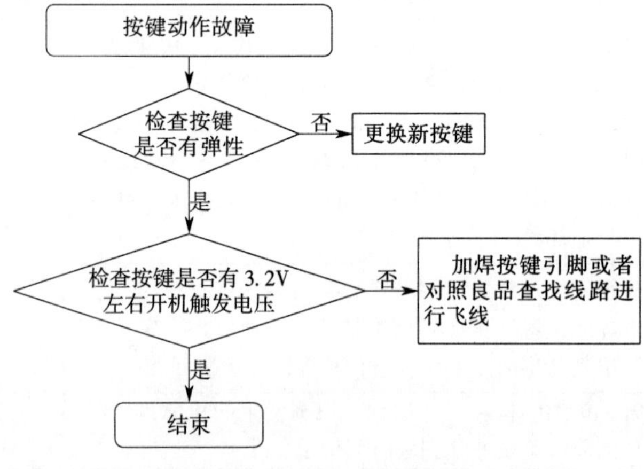

图 3—2—1 手机按键故障维修流程

（2）查阅相关资料，参考图 3—2—1 所示手机按键故障维修流程，画出手机听筒、话筒故障的维修流程。

2. 手机软件故障的维修流程

手机在使用过程中，有时会由于中病毒、软件故障、不规范操作、刷机失败等导致不能正常工作，这种情况下，一般可以通过强制升级使手机恢复正常工作。

小提示

不是所有的手机异常都能使用强制升级进行修复，例如，某些硬件损坏故障只能依靠更换器件等方法来解决。

（1）一般来说，手机生产厂商的智能手机都配备有专门的升级和刷机软件来实现手机的软件维护功能。查阅相关资料，列举当前主流品牌手机的维护软件或刷机工具的名称。

（2）选取典型的手机品牌型号，说明其系统升级、恢复出厂设置或强制刷机的操作流程。

3. 手机蓝牙或 WIFI 故障的维修流程

（1）什么是蓝牙？它具备什么样的功能？

（2）什么是 WIFI？它具备什么样的功能？

（3）根据图 3—2—2 所示参考流程，简述手机蓝牙或 WIFI 故障的维修过程。

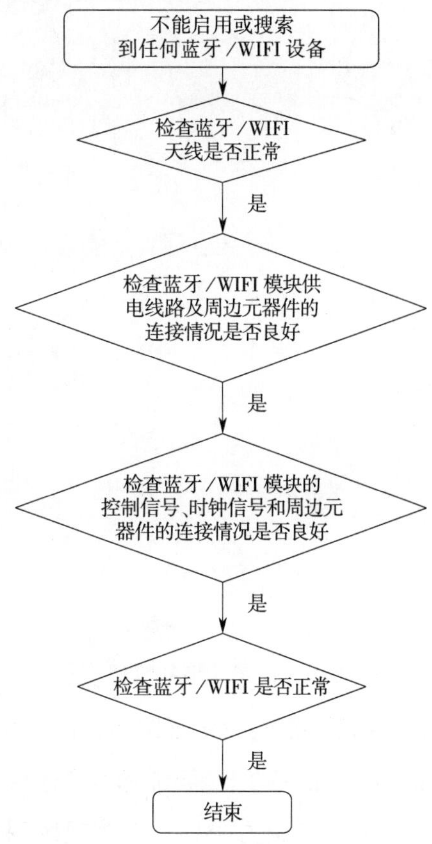

图 3—2—2　手机蓝牙或 WIFI 故障维修流程

4. 手机充电电路故障的维修流程

（1）画出手机充电接口示意图，并标注各条连接线的名称和正常电压数值的范围。

（2）根据图 3—2—3 所示参考流程，简述手机充电电路故障的维修过程。

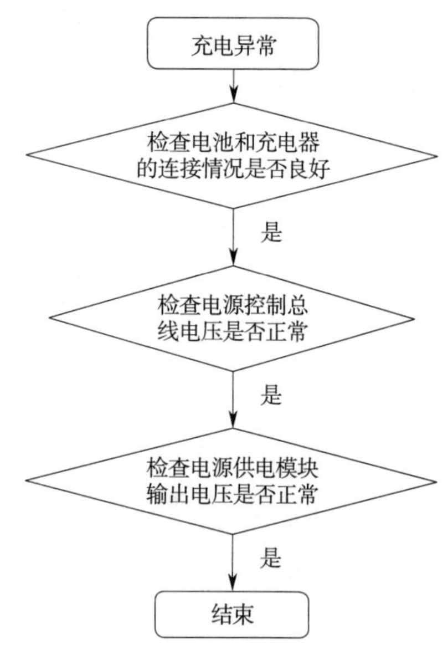

图 3—2—3 手机充电电路故障维修流程

5. 手机无信号故障的维修流程

手机的接收、发射通路都正常才能注册到移动通信网络上实现通信，而且手机工作时先接收后发射，因此手机出现无信号故障时，应先排除接收通路故障再排除发射通路故障。一般判定接收通路是否正常的方法有：通过观察手机有无场强信号来判定，有场强信号则接收正常（有些手机不插 SIM 卡时不显示场强信号）；通过观察手机有无接收电流来判定，有则接收通路良好；进入“网络选择”菜单中的“手动搜网”进行手动搜索，若能搜到注册网络，则接收通路良好。

手机无信号故障的常见现象见表 3—2—3。查阅相关资料，了解这些故障的原因及维修思路，并将表 3—2—3 补充完整。

表 3—2—3 手机无信号故障维修思路及方法

故障现象	故障原因	维修思路及方法
无接收	接收电路元器件故障或者 CPU 故障	1. 从________、________、________、________的输入或输出端，逐级焊一根约 10 cm 的导线作为假天线，看到哪一级有信号，从而判定故障范围 2. 若故障在天线开关、高频滤波器级，可直接短接 3. 若故障在中频以后则重焊或更换中频。重焊或更换中频后还是无信号时，则查________是否频偏，若有频偏则直接更换 13 MHz 晶振。检查接收本振电路（RX-VCO）的工作电压（2.8 V 跳变）、控制电压（1~4 V 跳变）是否正常，以判定本振电路的好坏 4. 重写软件（注意软件版本及备份） 5. 重焊或更换 CPU

续表

故障现象	故障原因	维修思路及方法
信号差	接收电路总的元器件衰减大	1. 有信号说明手机信号通路基本是好的，在某一个环节使信号________，引起信号差 2. 检查是否天线质量差或接触不良 3. 从________、________、________、________通过飞线方法找到故障点，短接或更换故障元器件 4. 检查是否信号通路中元器件虚焊或变值
无发射	功放、发射本振电路（TX-VCO）、中频放大器故障	1. 断开功放信号输入端（拆焊下功放），在 TX-VCO 输出端焊一根约 10 cm 的导线作为________，若能发射，则更换功放 2. 检查 TX-VCO 的工作电压（2.8 V 跳变）、控制电压（1~2 V 跳变）是否正常，以判定 TX-VCO 的好坏 3. 重焊或更换中频 4. 重写软件 5. 重焊或更换 CPU
发射弱	功放故障	1. 检查是否功放质量下降引起 2. 检查功放是否虚焊 3. 更换功放
收发全无	接收和发射电路的公共部分故障	1. 手机收发全无故障比较复杂，故障主要发生在公共通路上，即________电路、________电路、________电路、__________电路、__________电路或________电路 2. 检查工作频段是否错调至 1 800 MHz 网络 3. 重焊或更换中频 4. 重焊或更换________晶体 5. 检查本振电路好坏 6. 重焊或更换电源 7. 重写软件 8. 重焊或更换 CPU（风险高）

6. 手机不开机故障的维修流程

（1）手机出现不开机故障时，应先拆下电池，检查电池引脚是否错接，再检查电池是否已损坏。拆下电池接稳压电源之前，应先确认稳压电源输出电压是否为电池标称电压值，然后接上稳压电源给手机供电，按开机键，看能否开机。分析这一步检查的目的以及是否符合手机维修原则。

（2）排除因电池损坏或引脚接触不良引起不开机故障后，利用直流稳压电源观察电流变化情况（当出现大电流时，应马上断电以免扩大故障），通常会出现电流为 0、电流正常但不开机或电流异常等情况。试根据图 3—2—4 所示流程图，说明上述情况下排除手机不开机故障的具体维修步骤。

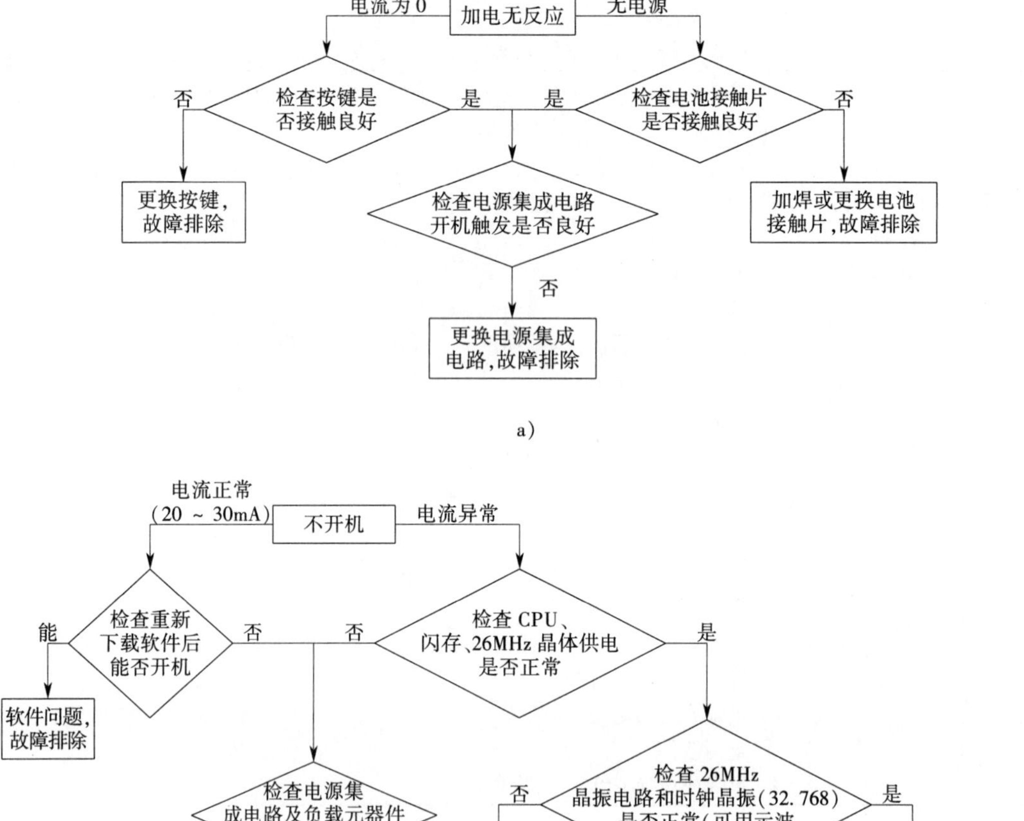

图 3—2—4　手机不开机故障维修流程

（3）查阅相关资料，了解手机不开机故障的常见现象、原因及维修方法，将表3—2—4补充完整。

表3—2—4　　手机不开机故障常见现象、原因及维修方法

故障现象	故障原因	维修方法
手机漏电	元器件漏电	由于电池直接供电的功放、充电集成块等元器件内部短路引起漏电，或者是滤波电容、电感、稳压管、压敏电阻等元器件损坏引起的漏电，可用开路法或温度法逐个排查
	电源漏电	电源集成块或其负载内部短路引起漏电，可用开路法或温度法逐个排查
	电路板污损	电路板污浊、潮湿或人为短路引起漏电，清洗干燥即可
无电流反应	电源电路不工作	1. 检查________电压是否送入电源集成块，接电源瞬间应有电流反应 2. 检查________触发信号是否正常，若异常，可能是由于开机键接触不良、开机线断或开机管损坏 3. 检查________集成块是否损坏。若触发脚无2.8 V电压，电源集成块无电压输出，则说明________集成块已损坏
电流偏大	元器件损坏	说明________集成块工作基本正常（不排除电源内部短路漏电），但其负载电阻变小引起大电流。维修方法如下： 1. 把电压调________，按开机键，用温度法判定哪个元器件发热，再用开路法找出故障元器件（多为电源或CPU损坏） 2. 把CPU拆下，慢慢调________电压，让元器件升温击穿

续表

故障现象	故障原因	维修方法
电流偏小（小于 20 mA）	电源集成块损坏	1. 测量电源集成块各路输出电压是否正常，以确认电源集成块是否损坏 2. 更换电源集成块
电流正常（约 50 mA）	时钟信号故障	1. 说明电源集成块工作正常，应检查________MHz 时钟电路是否工作正常 2. 更换时钟电路及周边元器件
电流处于 100 mA 左右定格，或回落至 10 mA 左右定格，但不回零	软件故障	1. 重写手机系统软件 2. 更换手机系统软件后故障没有排除或者无法写入软件，则判定字库或暂存器损坏 3. 更换字库或暂存器
手机可开机，松手关机	开机维持信号不正常	1. 电源集成块或 CPU 虚焊，用按压法分别对其加压，若手机正常工作，则重焊或更换电源集成块或 CPU 2. 开机维持线断，则根据原理图连接关系增加连接飞线
开机困难	开机键污损	开机键污损，电阻________，用橡胶擦清理或用印制电路板清洗剂清洗即可

三、制定维修方案

以小组为单位，针对手机的具体故障现象，分析并讨论故障原因，选取合适的维修方法，制定出本小组的维修方案，并填入表 3—2—5 中。

表 **3—2—5**　　手机维修方案

任务名称		任务起止日期		方案制定日期		
序号	维修步骤	具体工作内容		所需资料、材料及工具	负责人	参与人员
1						
2						
3						
4						
5						

续表

序号	维修步骤	具体工作内容	所需资料、材料及工具	负责人	参与人员
6					
7					
8					

教师审核意见：

教师（签名）：________　　决策人（签名）：________

年　　月　　日

评价与分析

根据每个小组成员在本活动学习过程中的表现情况填写《学习任务过程性考核记录表》。

学习活动 3　手机简单故障的维修与验收

学习目标

1. 能根据维修方案准备维修工具、材料等，领取、核对所需元器件，并检测元器件的好坏。

2. 能熟练使用手机维修工具拆装手机，使用万用表检测电压，使用稳压电源测试开机电流。

3. 能熟练使用电烙铁和热风枪更换 SMT 元器件和集成电路。

4. 维修过程中能严格遵守防静电的相关要求。

5. 能进行手机功能测试，检测其拆装质量。

6. 能对手机系统软件进行重装、升级等操作。

7. 手机故障排除后，能全面检测手机的软、硬件设置是否正确，确保组装质量、软件设置符合要求。

8. 能进行维修成本核算，并分析成本偏高或偏低的原因。

9. 能按照验收标准交付客户验收，并为客户讲解手机的使用、维护及保养知识。

10. 能按照现场 6S 管理规范清点与维护工具，整理工作现场。

建议学时：48 学时。

学习过程

一、维修前准备

1. 填写领料单（表 3—3—1）并领料，核对清单，检验各元器件和工具的品质及数量。

表 3—3—1　　领料单

序号	元器件、材料及工具名称	单位	数量	备注（从外观粗略判断其质量）

2. 静电（ESD）就是物体表面过剩或不足的静止电荷。静电是一种电能，它留存于物体表面，是正电荷和负电荷在局部范围内失去平衡的结果。

静电对电气元器件所造成的危害十分惊人，必须引起重视。20 世纪 80 年代，日本曾对其不合格电子产品进行过剖析，发现许多电子产品不合格是由静电造成的。美国也曾在 20 世纪 80 年代初做过统计，其电子工业每年由于静电造成的损失高达 100 多亿美元。查阅相关资料，了解静电对手机的危害及维修手机时的防静电措施。

（1）静电会给手机维修带来哪些危害?

（2）如何正确释放自身携带的静电？如何避免或减小自身静电给电路板带来的危害？

（3）维修手机时，应做好哪些防静电措施？手机维修对维修工作条件主要有哪些要求？

（4）图3—3—1中两种静电提示标志的含义有什么区别？看到这些标志时需要注意什么？

a)

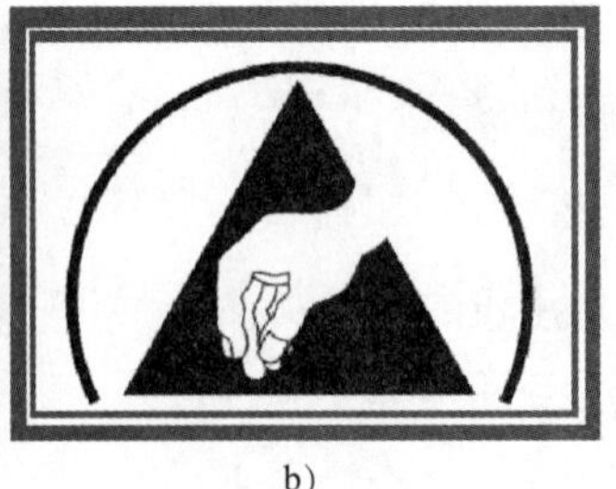

b)

图3—3—1 静电提示标志

3. 查阅相关资料，了解常用的手机维修工具与仪表，补齐表 3—3—2 所列手机维修工具与仪表的名称、主要功能及使用注意事项。

表 **3—3—2**　　常用手机维修工具与仪表的名称、主要功能及使用注意事项

序号	维修工具与仪表	名称	主要功能及使用注意事项
1	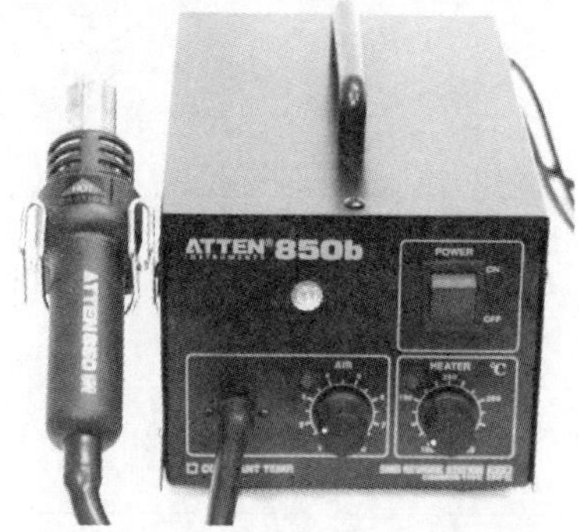		
2	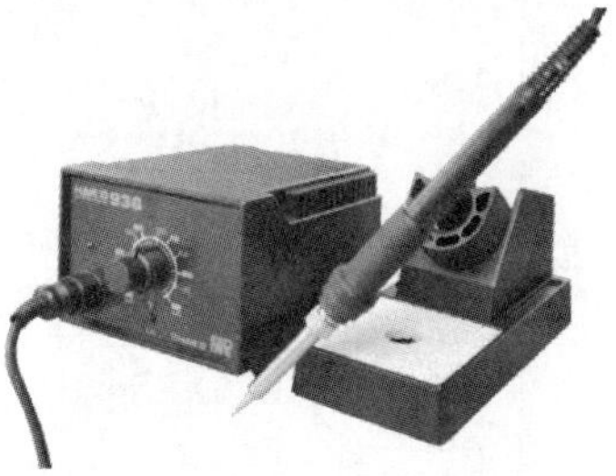		
3	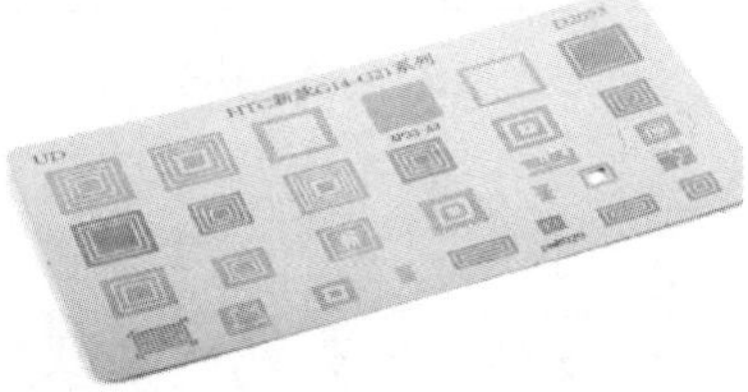		
4			

续表

序号	维修工具与仪表	名称	主要功能及使用注意事项
5	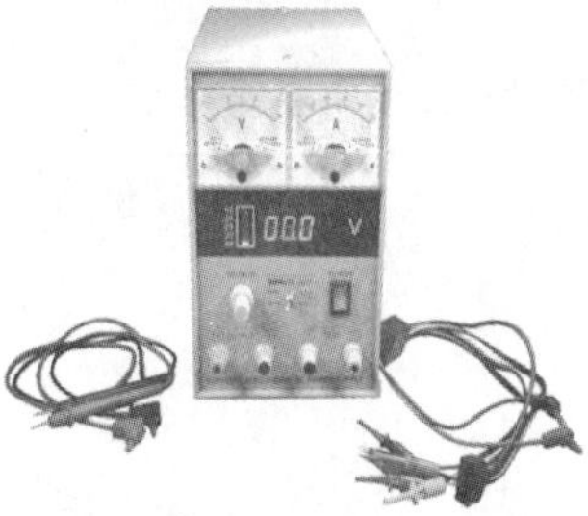		
6	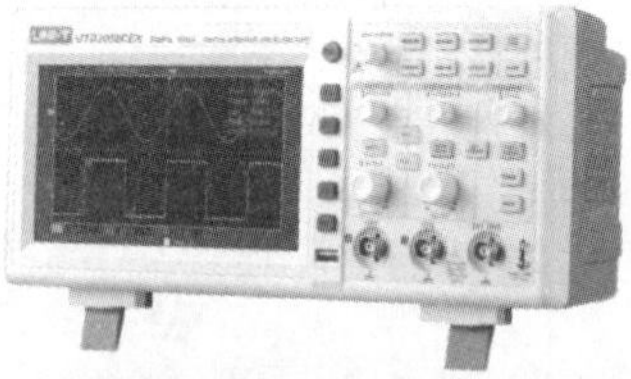		
7	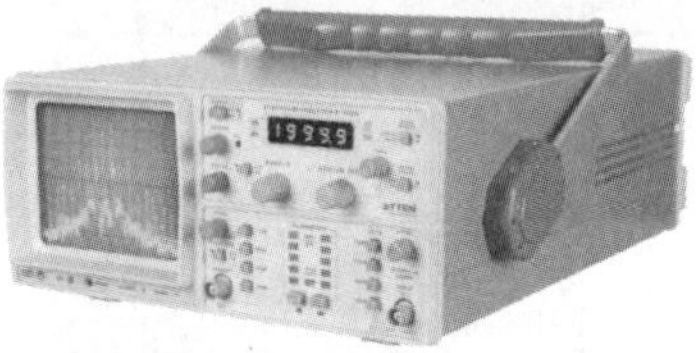		
8	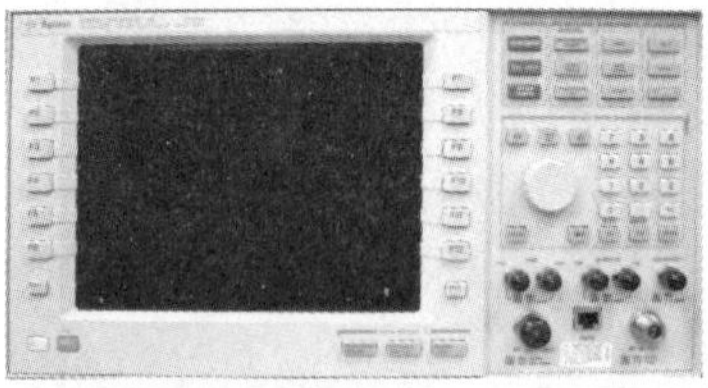		

二、故障检修

1. 手机拆装

以三星 GT-S7272C 型手机为例，按照表 3—3—3 所列步骤完成手机的拆装，并将操作要点或注意事项记录下来。

表 3—3—3　　手机拆装步骤

拆装步骤	操作图片	操作要点或注意事项
1. 准备拆机所需工具		

续表

拆装步骤	操作图片	操作要点或注意事项
2. 拆下防拆商标		
3. 选取合适的工具拆卸螺钉	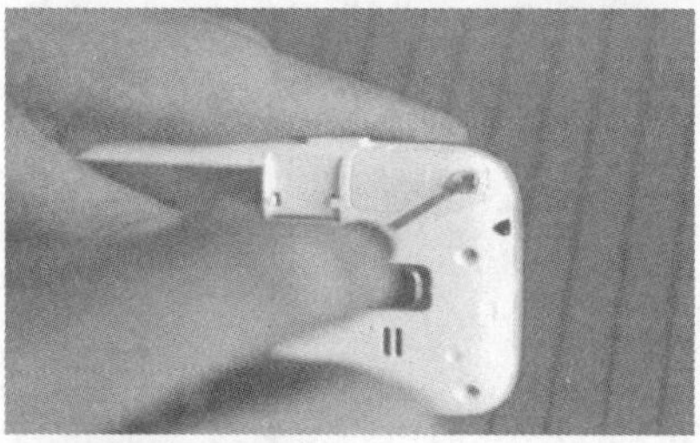	
4. 用镊子夹取螺钉	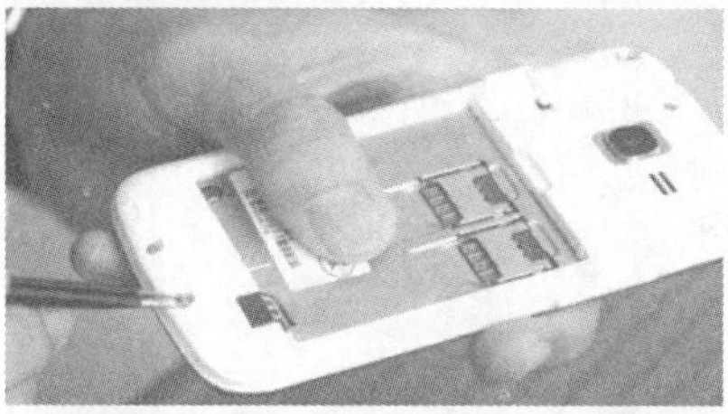	
5. 用撬棒拆卸排线	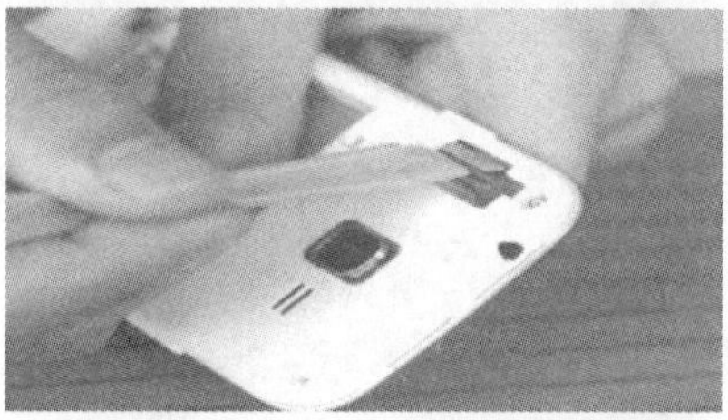	
6. 用撬棒或指甲沿着屏幕边缘撬起屏幕		
7. 拆卸固定屏幕的螺钉		

续表

拆装步骤	操作图片	操作要点或注意事项
8. 拆屏幕	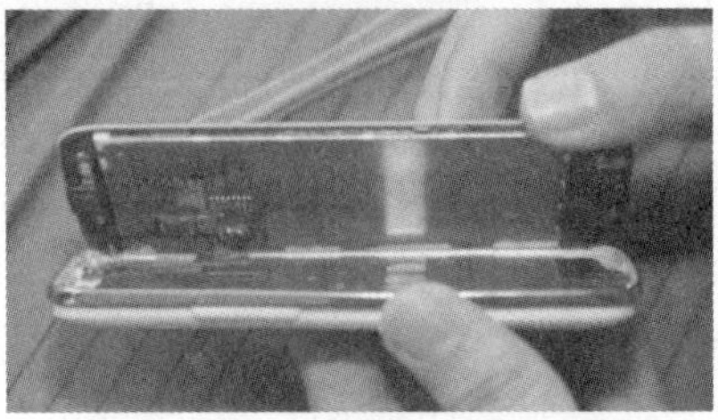	
9. 分类收集手机拆下的零件	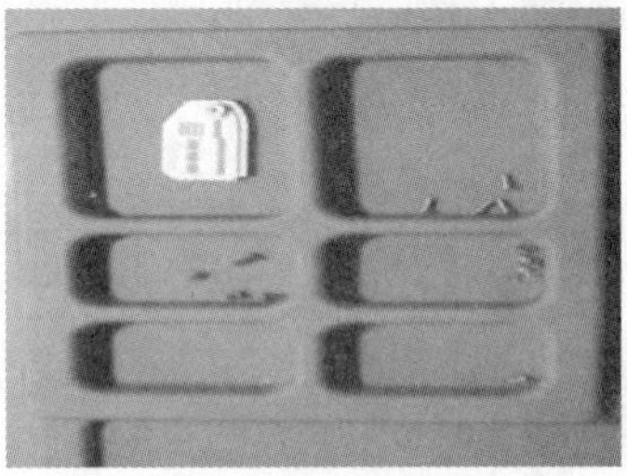	
10. 更换元器件	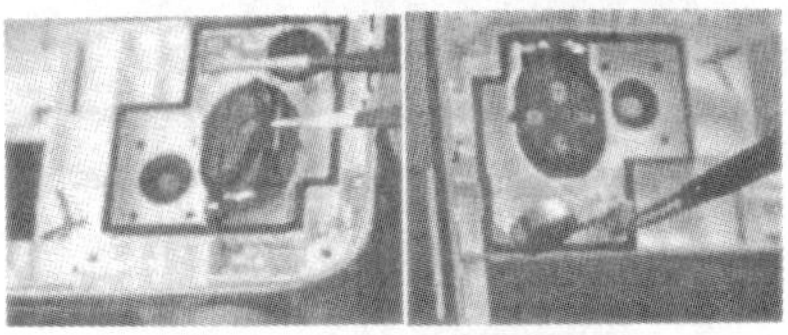	
11. 装机壳（注意安装方向）		
12. 扣排线		
13. 开机测试		

2. 手机按键、听筒和话筒故障的维修

（1）查阅相关资料，了解手机按键、听筒和话筒的质量判别方法并记录在表3—3—4中。

表 3—3—4　手机按键、听筒和话筒的质量判别方法

序号	元器件名称	图片	质量判别方法
1	按键		
2	听筒		
3	话筒		

（2）针对本任务待修手机的按键、听筒和话筒的具体故障进行维修，并将维修过程记录在表 3—3—5 中。

表 3—3—5　手机按键、听筒和话筒故障的维修过程记录表

序号	维修过程记录	备注
1		
2		
3		
4		
5		
6		

3. 手机软件故障维修

通过刷机方式维修手机软件故障的大致步骤是：在计算机上安装刷机软件和手机驱动程序→准备手机固件→手机进入刷机模式→连接手机和计算机→备份手机资料→执行刷机程序→重启手机→恢复手机资料。不同品牌型号的手机个别步骤的顺序可能略有不同。

（1）查看并记录待维修手机的品牌、型号，找到对应的刷机软件，记录其名称及版本号。

手机品牌：　　　　手机型号：

刷机软件名称：　　　　刷机软件版本号：

（2）刷机过程中无法正确连接或刷机失败，往往是没有成功安装驱动程序造成的。一般驱动程序是随刷机软件一同安装的，但有些手机则需单独安装驱动程序。应如何检查手机驱动程序有无正常安装？安装中有无出现问题？你是如何解决的？

（3）准备手机固件时，应特别注意手机固件的版本型号，如果错误地刷入其他手机的固件，可能造成手机无法使用。维修过程中应如何正确获取手机固件？

（4）如何进入手机的刷机模式？

（5）通常刷机会将手机中的资料全部清空，因此刷机前务必要做好资料的备份工作。试查阅相关资料，简述手机资料备份和恢复的常用方法。

（6）执行刷机程序的过程中应注意哪些问题？

4. 手机蓝牙或 WIFI 故障的维修

（1）手机蓝牙或 WIFI 故障除了软件原因外，还可能是由于蓝牙或 WIFI 集成电路、周边元器件或晶体振荡器已损坏。维修手机蓝牙或 WIFI 故障前，查阅相关资料，了解上述元器件的质量判别方法并记录在表 3—3—6 中。

表 3—3—6　　手机蓝牙或 WIFI 故障涉及元器件的质量判别方法

序号	元器件名称	图片	质量判别方法
1	贴片电阻器	225	
2	贴片电容器	S+M 10V 477 1Z IR	
3	贴片电感器		
4	贴片二极管	1338	
5	晶体振荡器	SJK 38.880 MHz	

（2）手机电路板使用的元器件多为 SMT 元器件。查阅相关资料，简述 SMT 的含义以及 SMT 手工焊接的工艺流程。

（3）分析本任务中待修手机找不到 WIFI 网络故障的原因，选取合适的维修方法进行维修，并将维修过程记录在表 3—3—7 中。

表 **3—3—7**　　待修手机找不到 **WIFI** 网络故障的维修过程记录表

序号	维修过程记录	备注
1		
2		
3		
4		
5		
6		

5. 手机充电电路故障的维修

（1）手机不能充电的原因之一可能是手机充电接口（图 3—3—2）本身已损坏。查阅相关资料，简述检测手机充电接口质量好坏的方法。

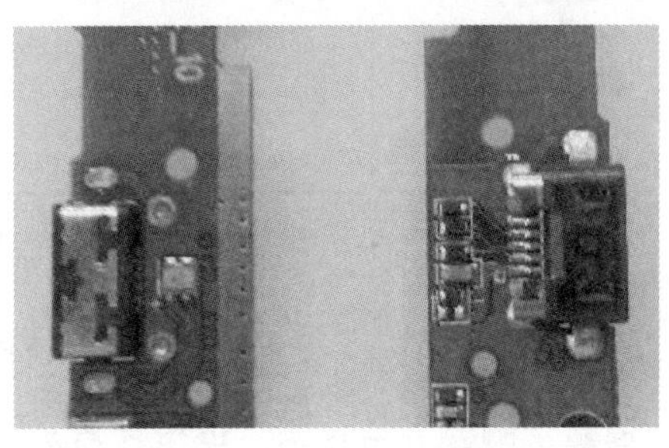

图 3—3—2　手机充电接口

（2）分析本任务中待修手机不能充电故障的原因，选取合适的维修方法进行维修，并将维修过程记录在表 3—3—8 中。

表 3—3—8 待修手机不能充电故障的维修过程记录表

序号	维修过程记录	备注
1		
2		
3		
4		
5		
6		

6. 手机无信号故障的维修

（1）手机无信号可能是由于其射频电路或逻辑控制电路中的元器件，如三极管、场效应管、三端稳压器、VCO 组件、时钟晶振、滤波器、功率放大器等，连接不良或已损坏。查阅相关资料，了解上述元器件的质量判别方法，并记录在表 3—3—9 中。

表 3—3—9 手机无信号故障可能涉及元器件的质量判别方法

序号	元器件名称	图片	质量判别方法
1	三极管与场效应管		

续表

序号	元器件名称	图片	质量判别方法
2	三端稳压器		
3	VCO 组件		
4	时钟晶振		
5	滤波器		
6	功率放大器		

（2）贴片元器件的常见封装形式有哪些？图 3—3—3 所示手机 CPU 属于什么封装形式？

图 3—3—3　手机 CPU

（3）BGA（Ball Grid Array，球栅阵列结构）是集成电路采用有机载板的一种封装方法。它具有封装面积小、功能大、引脚数目多、PCB 板熔焊时能自行居中、易上锡、可靠性高、电性能好、整体成本低等特点。手机电路中的大规模集成电路经常采用 BGA 封装形式。查阅相关资料，了解 BGA 芯片的焊接方法并记录在表3—3—10中。

表 **3—3—10** **BGA** 芯片的焊接步骤

序号	焊接步骤	图片	操作注意事项
1	BGA 芯片涂焊锡膏		
2	用热风枪给钢网和焊锡膏加热，使焊锡膏熔化		
3	焊锡膏熔化后形成锡球	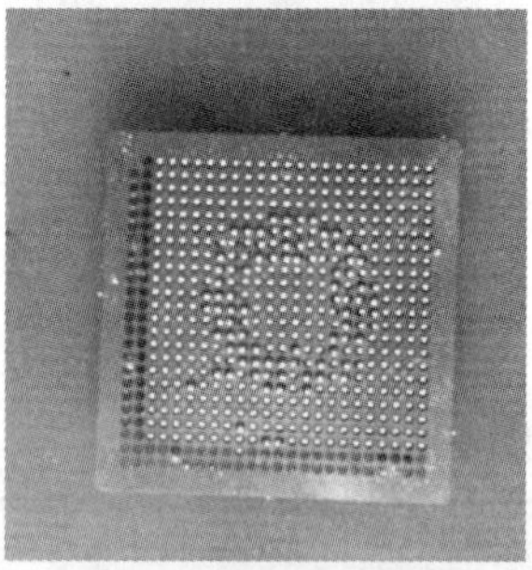	
4	取下植锡钢网，完成 BGA 芯片植锡		
5	根据引脚顺序对准焊接方向		

续表

序号	焊接步骤	图片	操作注意事项
6	焊接 BGA 芯片		
7	完成焊接后的 BGA 芯片		

（4）分析本任务中待修手机无信号故障的原因，选取合适的维修方法进行维修，并将维修过程记录在表 3—3—11 中。

表 **3—3—11**　　待修手机无信号故障的维修过程记录表

序号	维修过程记录	备注
1		
2		
3		
4		
5		

续表

序号	维修过程记录	备注
6		
7		
8		

7. 手机不能开机故障的维修

（1）分析手机不能开机故障时，常需要根据开机电流的情况来判断故障原因，试结合图 3—3—4 简要说明用直流稳压电源测量手机开机电流的操作步骤。

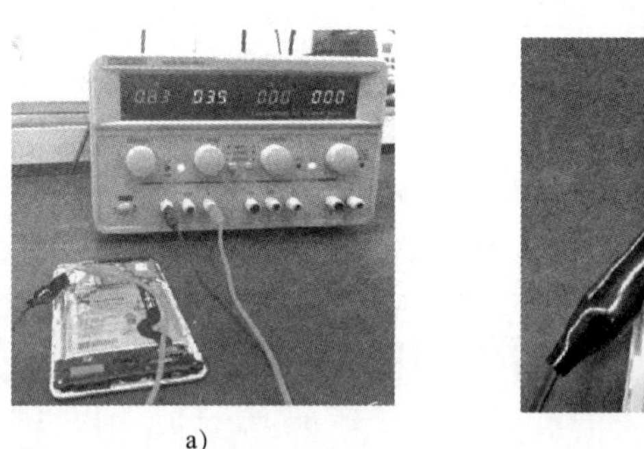

a) b)

图 3—3—4 用直流稳压电源测量手机开机电流

（2）能否根据开机电流数值的大小来判断故障点？如果可以，分析不同电流数值对应的故障原因，并记录在表 3—3—12 中。

表 **3—3—12**　　　　手机不能开机故障原因分析

按开机键时		不按开机键时		开机时	
电流大小	故障原因	电流大小	故障原因	电流大小	故障原因
20 mA		60 mA		500 mA	
50 mA		100 mA		—	—
先 100 mA 后回 10 mA		200 mA		—	—
从 100 mA 到 150 mA 再回 0		—	—	—	—
200 mA		—	—	—	—

（3）分析本任务中待修手机不能开机故障的原因，选取合适的维修方法进行维修，并将维修过程记录在表 3—3—13 中。

表 **3—3—13**　　　　待修手机不能开机故障的维修过程记录表

序号	维修过程记录	备注
1		
2		
3		
4		
5		
6		

续表

序号	维修过程记录	备注
7		
8		

三、维修后的检查调试

手机故障排除并完成整机组装后，对照样机检查手机有无连焊等安全隐患，手机通话功能是否正常等。

1. 检查元器件有无连焊，并做好记录。

2. 拨打“112”电话，检查手机的通话功能，并做好记录。

四、成本核算

对手机维修成本进行估算，并与市场报价进行比较，分析成本偏高或偏低的原因。

1. 根据维修材料估算材料成本。

2. 根据维修工时估算人工成本。

3. 根据实际情况估算其他成本。

五、交付验收

1. 按表 3—3—14 所示验收标准进行验收并评分。

表 3—3—14　　手机简单故障维修验收标准及评分表

序号	验收项目	验收标准	配分（分）	评分	备注
1	手机机壳的外观	无新划痕、破损、裂缝，无油污，外观整洁、干净、美观	30		
2	螺钉组装	螺钉位置准确，方向正确	10		
3	触摸屏的灵敏度	多点触摸、点击准确，显示清晰	20		
4	通电运行	能正常使用（通话、音乐等）	40		
客户对项目验收评价成绩					

2. 记录验收过程中存在的问题，小组讨论解决问题的方法，并记录在表 3—3—15 中。

表 **3—3—15** 验收过程问题记录表

序号	验收中存在的问题	改进和完善措施
1		
2		
3		
4		

六、整理工具、清理现场

根据领料单清点所有工具，检查其是否有损坏，若无损坏应交还收发处，若有损坏应及时汇报。同时，整理用剩下的元器件及材料并交还收发处，清理现场，规范填写元器件、材料及工具归还清单（表 3—3—16）。

表 **3—3—16** 元器件、材料及工具归还清单

序号	元器件、材料及工具名称	型号及规格	数量	备注
1				
2				
3				
4				
5				
6				

续表

序号	元器件、材料及工具名称	型号及规格	数量	备注
7				
8				
收发处负责人（签字）	年　月　日	团队负责人（签字）	年　月　日	

评价与分析

根据每个小组成员在本活动学习过程中的表现情况填写《学习任务过程性考核记录表》。

学习活动4　工作总结与评价

学习目标

1. 能按分组情况，分别选派代表展示本组工作成果，并进行自评和互评。

2. 能结合自身任务完成情况，正确规范地撰写工作总结（心得体会）。

3. 能对本任务中出现的问题进行分析，并提出以后的改进措施和办法。

4. 能编写手机的维护保养手册，说明手机的使用、维护和保养知识。

建议学时：6学时。

学习过程

一、个人、小组评价

以小组为单位，选择演示文稿、展板、海报、视频等形式中的一种或几种，向全班展示、汇报维修成果。在展示的过程中，以小组为单位进行评价；评价完成后，根据其他小组成员对本组展示成果的评价意见进行归纳总结。

汇报思路设计：

其他小组成员的评价意见：

二、教师评价

认真听取教师对本小组展示成果优缺点以及在任务完成过程中出现的亮点和不足的评价意见，并做好记录。

1. 教师对本小组展示成果优点的点评。

2. 教师对本小组展示成果缺点以及改进方法的点评。

3. 教师对本小组在整个任务完成过程中出现的亮点和不足的点评。

三、工作过程回顾及总结

1. 简单阐述手机的维修过程，总结完成手机简单故障维修任务过程中遇到的问题和困难，列举 2~3 点你认为比较值得和其他同学分享的工作经验。

2. 回顾本学习任务的工作过程，对新学专业知识和技能进行归纳和整理，在计算机上写一篇字数不少于800字的工作总结，并打印成稿粘贴在下面的空白处。

工作总结

3. 撰写《手机维护保养手册》

为手机编写一份《手机维护保养手册》，此手册中应包含使用手机的注意事项以及手机的维护保养方法等。

评价与分析

按照客观、公正和公平原则，在教师的指导下按自我评价、小组评价和教师评价三种方式对自己或他人在本学习任务中的表现进行综合评价。综合等级按 A(90~100)、B(75~89)、C(60~74)、D(0~59) 四个级别进行填写，见表 3—4—1。

表 3—4—1　　学习任务综合评价表

<table>
<tr><th rowspan="2">考核项目</th><th rowspan="2">评价内容</th><th rowspan="2">配分(分)</th><th colspan="3">评价分数</th></tr>
<tr><th>自我评价</th><th>小组评价</th><th>教师评价</th></tr>
<tr><td rowspan="6">职业素养</td><td>劳动保护用品穿戴完备，仪容仪表符合工作要求</td><td>5</td><td></td><td></td><td></td></tr>
<tr><td>安全意识、责任意识、服从意识强</td><td>6</td><td></td><td></td><td></td></tr>
<tr><td>积极参加教学活动，按时完成各项学习任务</td><td>6</td><td></td><td></td><td></td></tr>
<tr><td>团队合作意识强，善于与人交流和沟通</td><td>6</td><td></td><td></td><td></td></tr>
<tr><td>自觉遵守劳动纪律，尊敬师长，团结同学</td><td>6</td><td></td><td></td><td></td></tr>
<tr><td>爱护公物，节约材料，管理现场符合 6S 标准</td><td>6</td><td></td><td></td><td></td></tr>
<tr><td rowspan="3">专业能力</td><td>专业知识扎实，有较强的自学能力</td><td>10</td><td></td><td></td><td></td></tr>
<tr><td>操作积极，训练刻苦，具有一定的动手能力</td><td>15</td><td></td><td></td><td></td></tr>
<tr><td>技能操作规范，注重维修工艺，工作效率高</td><td>10</td><td></td><td></td><td></td></tr>
<tr><td rowspan="2">工作成果</td><td>产品维修符合工艺规范，产品功能满足要求</td><td>20</td><td></td><td></td><td></td></tr>
<tr><td>工作总结符合要求，维修成本低</td><td>10</td><td></td><td></td><td></td></tr>
<tr><td colspan="2">总分</td><td>100</td><td></td><td></td><td></td></tr>
<tr><td rowspan="2">总评</td><td rowspan="2">自我评价×20%+小组评价×20%+教师评价×60%=</td><td>综合等级</td><td colspan="3" rowspan="2">教师（签名）：</td></tr>
<tr><td></td></tr>
</table>

学习任务四　液晶电视机组装与简单故障维修

学习目标

1. 能接受液晶电视机组装与维修任务，并填写工作任务单。

2. 能通过上网查阅液晶电视机的技术资料，掌握液晶电视机的组成、简单工作原理与各部件接口引脚的定义。

3. 能根据液晶电视机的组成，通过市场调研独立核算组装成本，并制定组装方案。

4. 能严格按照电器装配操作规范和工艺要求完成液晶电视机的整机装配。

5. 能正确使用万用表与示波器测量液晶电视机各部件的工作参数。

6. 能排除组装液晶电视机时出现的一些简单故障——部件级故障。

7. 能用遥控器调整液晶电视机的各项性能参数，如亮度、对比度、RGB 基色、图像中心等，使液晶电视机达到最佳状态。

8. 能检查液晶电视机各功能是否正常。

9. 能按照验收标准交付客户验收，并为客户讲解液晶电视机使用、维护及保养知识。

10. 能按照现场 6S 管理规范清点与维护工具，整理工作现场。

11. 能独立撰写组装工作小结，阐述组装过程中出现的问题及解决方案，以及组装难点和解决难点的关键技术。

建议学时

108 学时

工作情境描述

学校欲开展液晶电视机维修培训教学，需要一批液晶电视机，现要求家电维修班学生在教师的指导下，四周内每人组装一台 14.1 英寸液晶电视机，液晶屏的物理像素为 1 024×768，采用背光与四合一驱动主板，每台成本控制在 350 元以内，且要便于测量与更换部件，以方便教学。组装完成后，要注意排除液晶电视机组装时出现的故障，调整液晶电视机使之达到最佳状态。经检测确保液晶电视机各电气参数符合要求且各项功能均正常后，交付指导教师验收。

工作流程与活动

1. 接受液晶电视机组装任务，认知液晶电视机（30 学时）
2. 制定液晶电视机组装工作方案（12 学时）
3. 液晶电视机的组装（24 学时）
4. 液晶电视机的性能测试与检修（30 学时）
5. 液晶电视机的验收（6 学时）
6. 工作总结与评价（6 学时）

学习活动 1　接受液晶电视机组装任务，认知液晶电视机

学习目标

1. 能接受液晶电视机组装任务，并填写组装任务单。

2. 能独立上网查阅并下载液晶电视机的技术资料。

3. 能通过对技术资料的学习，掌握液晶电视机的组成和基本工作原理。

4. 能根据液晶电视机组成部件的性能、参数、价格，选择性价比高的部件。

建议学时：30 学时。

学习过程

一、填写液晶电视机组装任务单（表 4—1—1）

表 4—1—1　液晶电视机组装任务单

任务名称				接单日期	
工作地点				任务周期	
任务描述					
工作措施					
客户姓名		联系电话		验收日期	
团队负责人姓名		联系电话		团队名称	
备注					

二、认知液晶电视机

1. 早在19世纪80年代，人类就开始研究电视机技术，经过一百多年不懈的努力，从最初的机械式电视机，经历了电子管电视机、晶体管电视机等近十个发展阶段，至目前成功地推出了高智能OLED电视机，丰富了人们的生活。试查阅相关资料，了解电视机的发展历程及各发展阶段电视机的特点。

2. 液晶电视机与传统CRT电视机相比，具有可平板化、图像没有几何失真、环保无X射线、节能省电、图像效果良好等诸多优点，已取代了传统的CRT电视机，进入人们的生活。试通过互联网或到实体商店调研，了解现在市场上主流的液晶电视机品牌有哪些及其各自的特点。若要你为客户推荐液晶电视机，你会推荐什么品牌型号的液晶电视机？理由是什么？

三、了解液晶电视机的组成与工作原理

1. 液晶电视机整机组成与基本工作原理

（1）查阅相关资料，了解液晶电视机的整机组成并结合图 4—1—1 简述液晶电视机的工作原理。

（2）查阅相关资料，简述电视机音频、视频信号是如何实现数字化传送的，并指出音频、视频信号取样频率与其信号的频率范围和清晰度的关系。

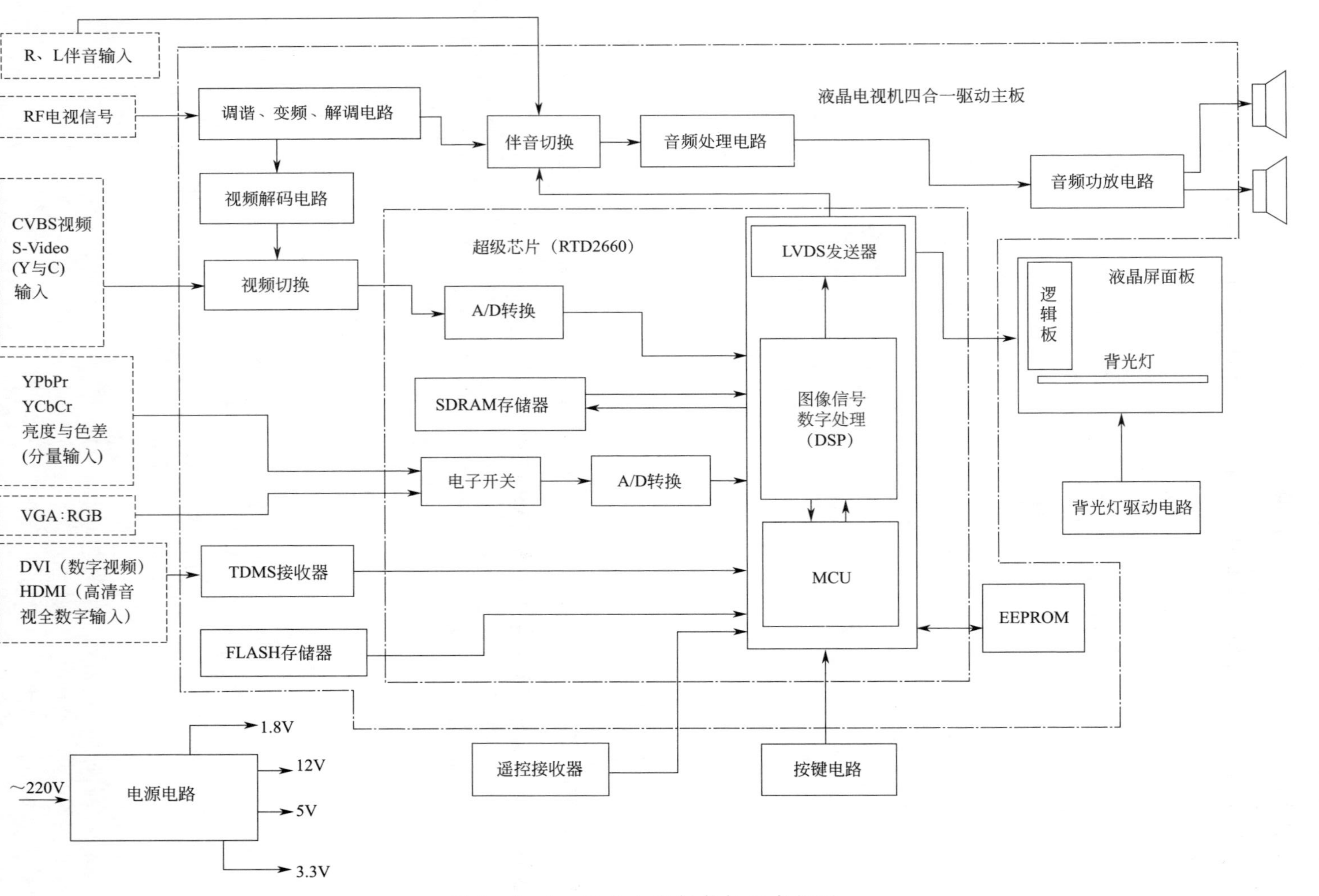

图 4—1—1 液晶电视机整机组成框图

（3）查阅相关资料，结合液晶电视机组成框图，列出组成液晶电视机的主要部件及其功能。

（4）查阅相关资料，简述液晶电视机与 CRT 彩色电视机在电路上有哪些相同点与不同点。

2. 液晶屏

（1）彩色液晶屏是液晶电视机的重要组成部件之一，试结合图 4—1—2 所示液晶屏内部结构简图，简述液晶屏的显示原理。

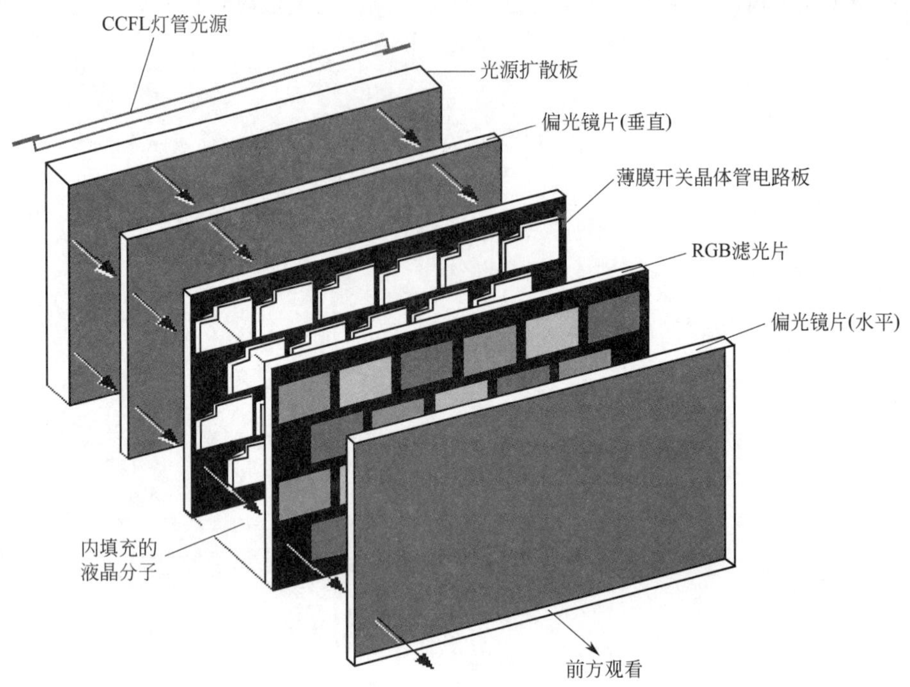

图 4—1—2 液晶屏内部结构简图

(2) 查阅相关资料，简述液晶屏的分类方法及常见种类。

(3) 查阅相关资料，了解液晶屏的主要技术参数，并回答下列问题：

1）液晶屏的物理像素指的是什么?

2）什么叫亮度? 液晶屏的亮度与 CRT 屏、等离子屏有什么区别?

3）什么叫可视角? 液晶屏的可视角与 CRT 屏、等离子屏有什么区别?

4）清晰度和分辨率的概念是什么? 720 i、720 p、1 080 i、1 080 p 分别表示什么含义? 其区别是什么?

5）液晶屏的质量级别分为 A++、A+、A、B、C 等，它们有什么区别?

6）液晶屏常见的两种接口为 TTL 和 LVDS，它们有什么区别?

7）液晶屏常用的背景光源有哪些? 各有什么特点?

（4）查阅相关资料，列举常见的液晶屏厂商，并简述其液晶屏型号的命名规则。

（5）图 4—1—3 所示为三星 LTN141XA-L01 型液晶屏实物图，由其型号可知该液晶屏为三星 14.1 英寸屏，XA 表示清晰度为 1 024×768，是属于 LVDS 接口的液晶屏。试查阅相关资料，再列举2~3 个液晶屏型号并简述其含义。

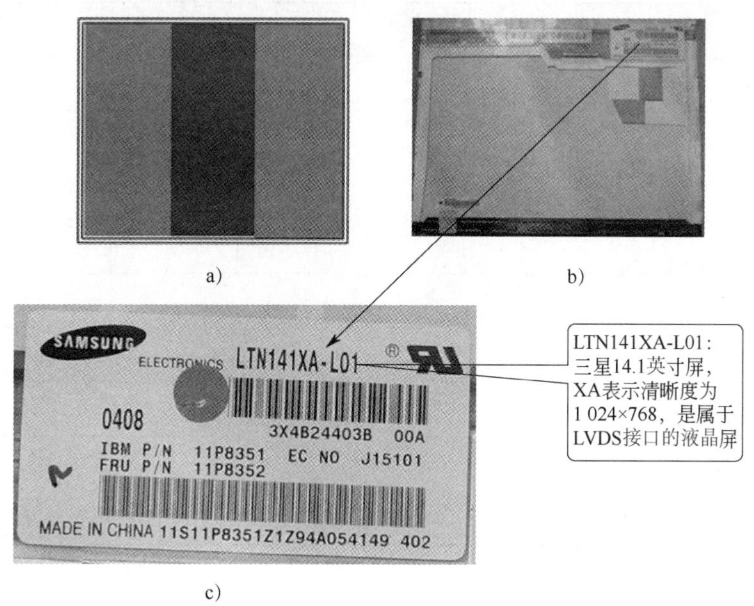

图 4—1—3　三星 LTN141XA-L01 型液晶屏

a）液晶屏面板正面　b）液晶屏面板背面　c）液晶屏面板型号标签

1）液晶屏 1 型号及其含义：

2）液晶屏 2 型号及其含义：

3）液晶屏 3 型号及其含义：

（6）以小组为单位，通过互联网或到实体商店选择三种液晶屏，并调研其型号、主要参数及价格等，要求规格为 14.1 英寸、清晰度为 1 024×768、A+屏，结果记录在表 4—1—2 中。

表 **4—1—2** **液晶屏型号、参数及价格**

调研项目	液晶屏 1	液晶屏 2	液晶屏 3
型号			
物理像素			
亮度			
对比度			
可视角			
光源 CCFL/LED			
接口 TTL/LVDS			
屏质量级别			
价格			

3. 液晶屏驱动主板

（1）液晶屏驱动主板是液晶电视机的核心部件，要掌握组装和维修液晶电视机的技能就要先了解液晶屏驱动主板的相关知识，查阅相关资料，回答下列问题：

1）液晶屏驱动主板的常见种类有哪些？其主要参数有哪些？

2）简述液晶屏驱动主板的供电种类与作用。

3）简述液晶屏驱动主板中常见超级芯片的种类与作用，并选择一块典型超级芯片说明其工作原理。

（2）以小组为单位，通过互联网或到实体商店选择三种液晶屏常见四合一驱动主板，并调研其型号、主要参数及价格，结果记录在表 4—1—3 中。

表 **4—1—3** 液晶屏四合一驱动主板型号、参数及价格

调研项目	驱动主板 1	驱动主板 2	驱动主板 3
型号			
使用的主控芯片			
输入工作电压			
输出到液晶屏的电压			
输入接口的种类			
输出接口的种类			
能支持的清晰度种类			
是否需要烧录程序			
支持的接口屏种类			
价格			

（3）查阅相关资料，结合图 4—1—4 所示 RTD2660 四合一驱动主板结构图，熟悉液晶屏驱动主板的组成及各组成部分的作用，补齐其组成结构框图，并简述其基本工作原理。

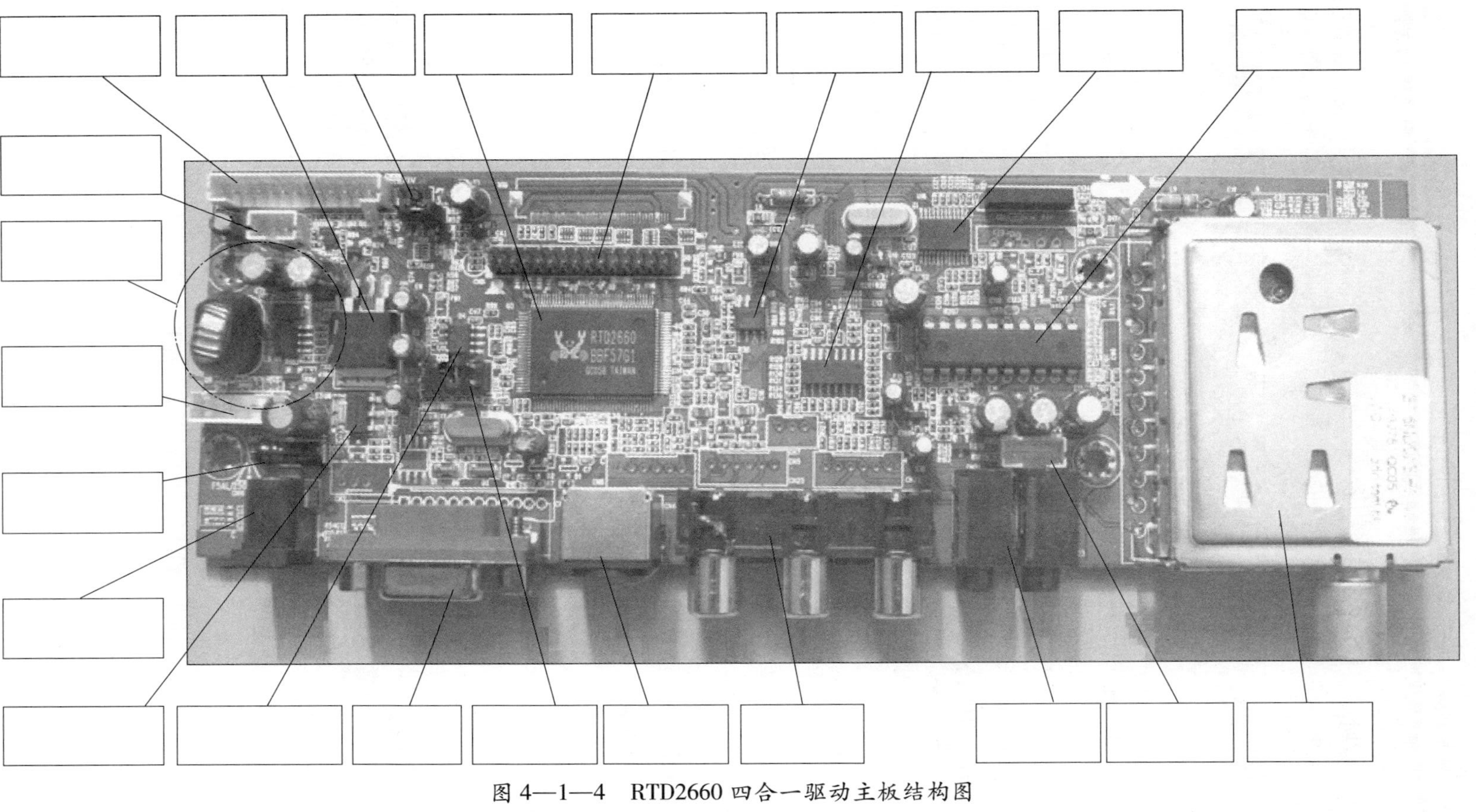

图 4—1—4　RTD2660 四合一驱动主板结构图

4. 背光灯驱动电路

（1）以小组为单位，通过互联网或到实体商店选择三种 14.1 英寸单管（列）背光灯驱动板，并调研其型号、主要参数及价格，结果记录在表 4—1—4 中。

表 4—1—4　　背光灯驱动板型号、参数及价格

调研项目	背光灯驱动板 1	背光灯驱动板 2	背光灯驱动板 3
型号			
光源 CCF/LED			
使用的主要芯片			
输入电压			
输出电压（电流）			
功耗			
价格			

（2）图 4—1—5 所示为液晶屏背光灯驱动板（高压板）实物图，试查阅相关资料，识别并补齐其主要元器件的名称。

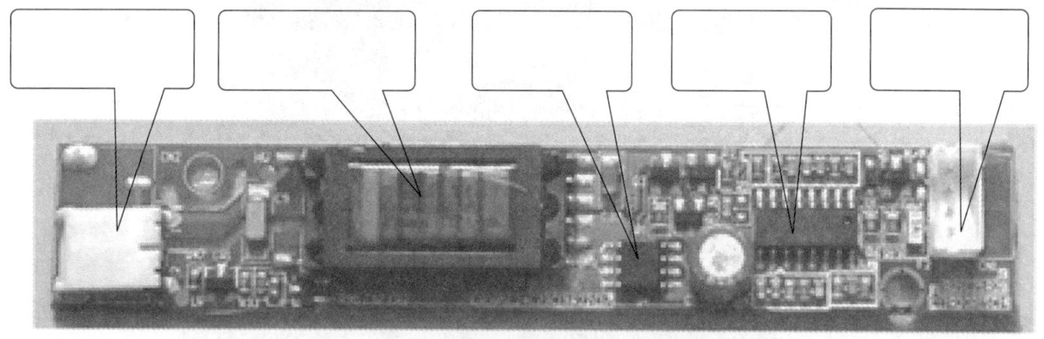

图 4—1—5　液晶屏背光灯驱动板（高压板）实物图

（3）图 4—1—6 所示为液晶屏背光灯驱动电路（高压板）的工作原理框图，试查阅相关资料，将其补充完整并简述液晶屏背光灯驱动电路的基本工作原理。

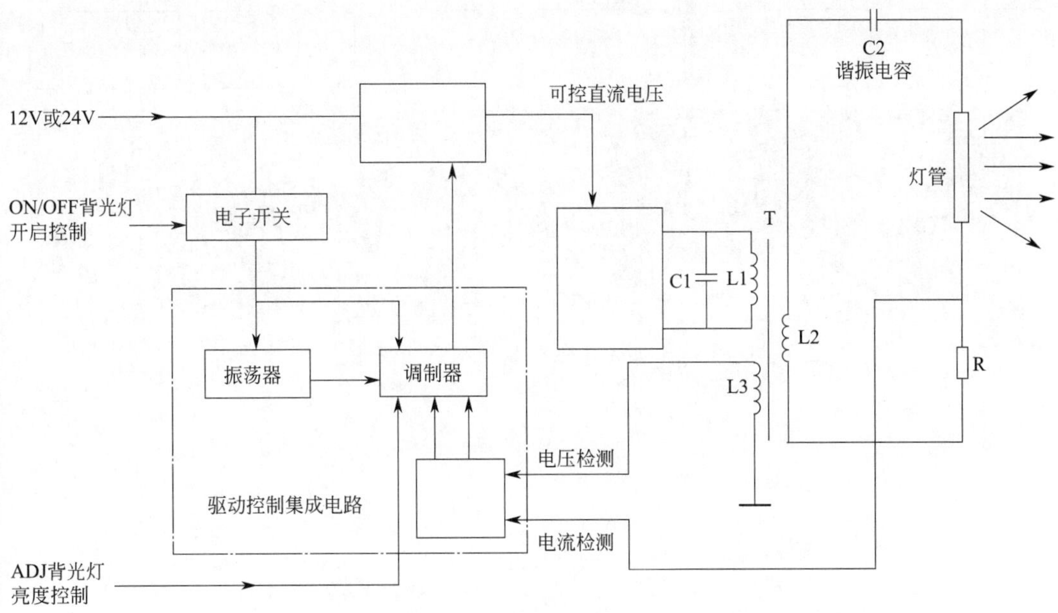

图 4—1—6 液晶屏背光灯驱动电路（高压板）的工作原理框图

（4）图 4—1—7 所示为液晶屏背光灯驱动板（升压板）实物图，试查阅相关资料，写出其主要元器件的名称，并画出其工作原理框图。

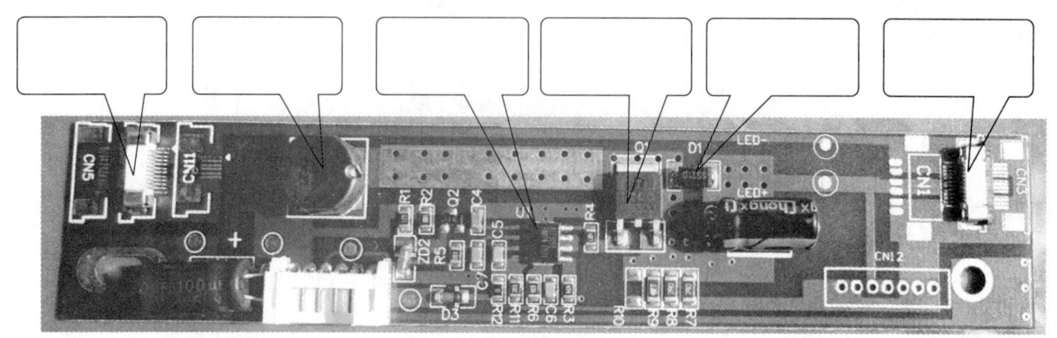

图 4—1—7 液晶屏背光灯驱动板（升压板）实物图

（5）图 4—1—8 与图 4—1—9 所示分别为某型号液晶电视机高压板、升压板的电路原理图，试分析其工作原理，并在电路图上标出信号流程。

1）高压板工作原理：

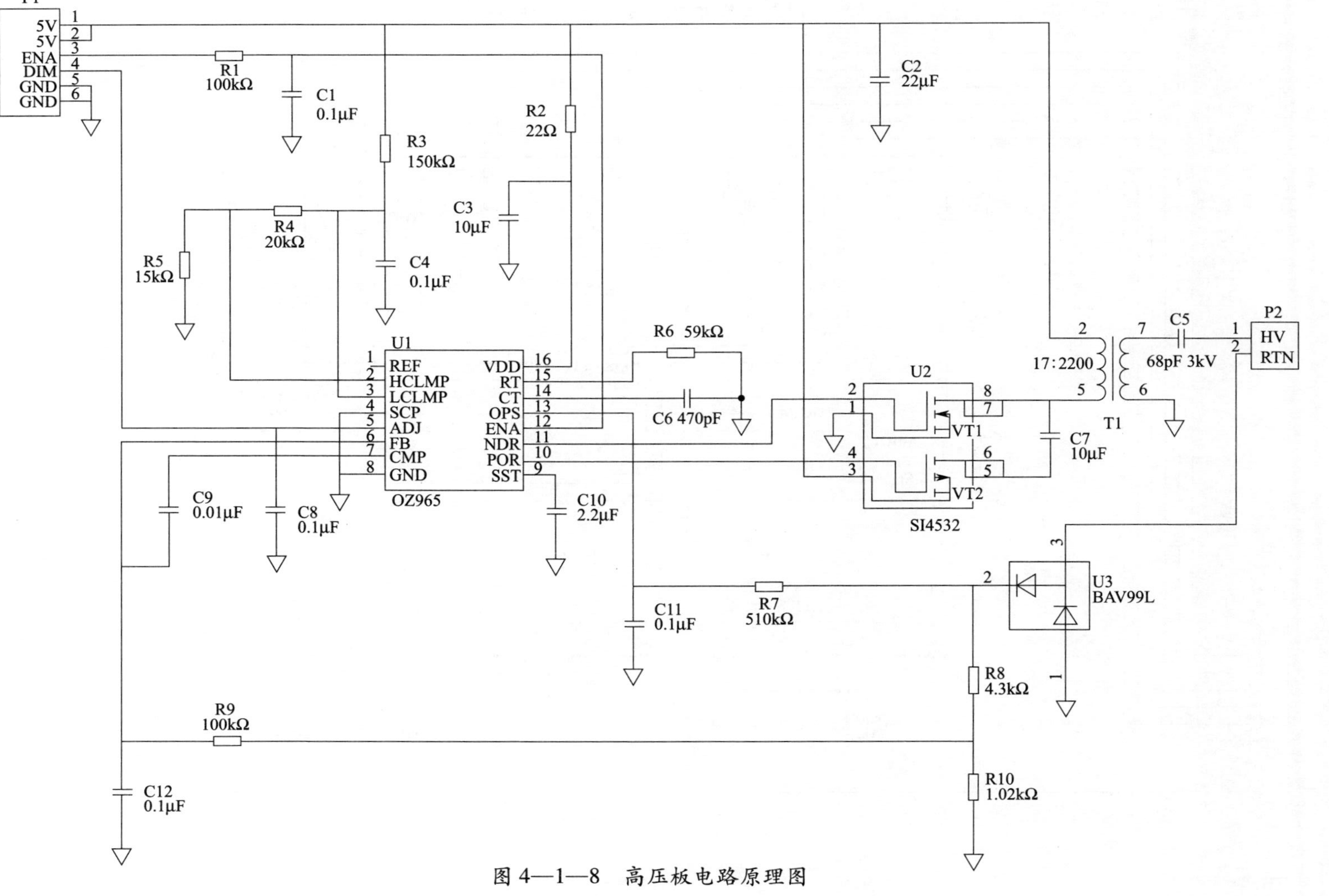

图 4—1—8　高压板电路原理图

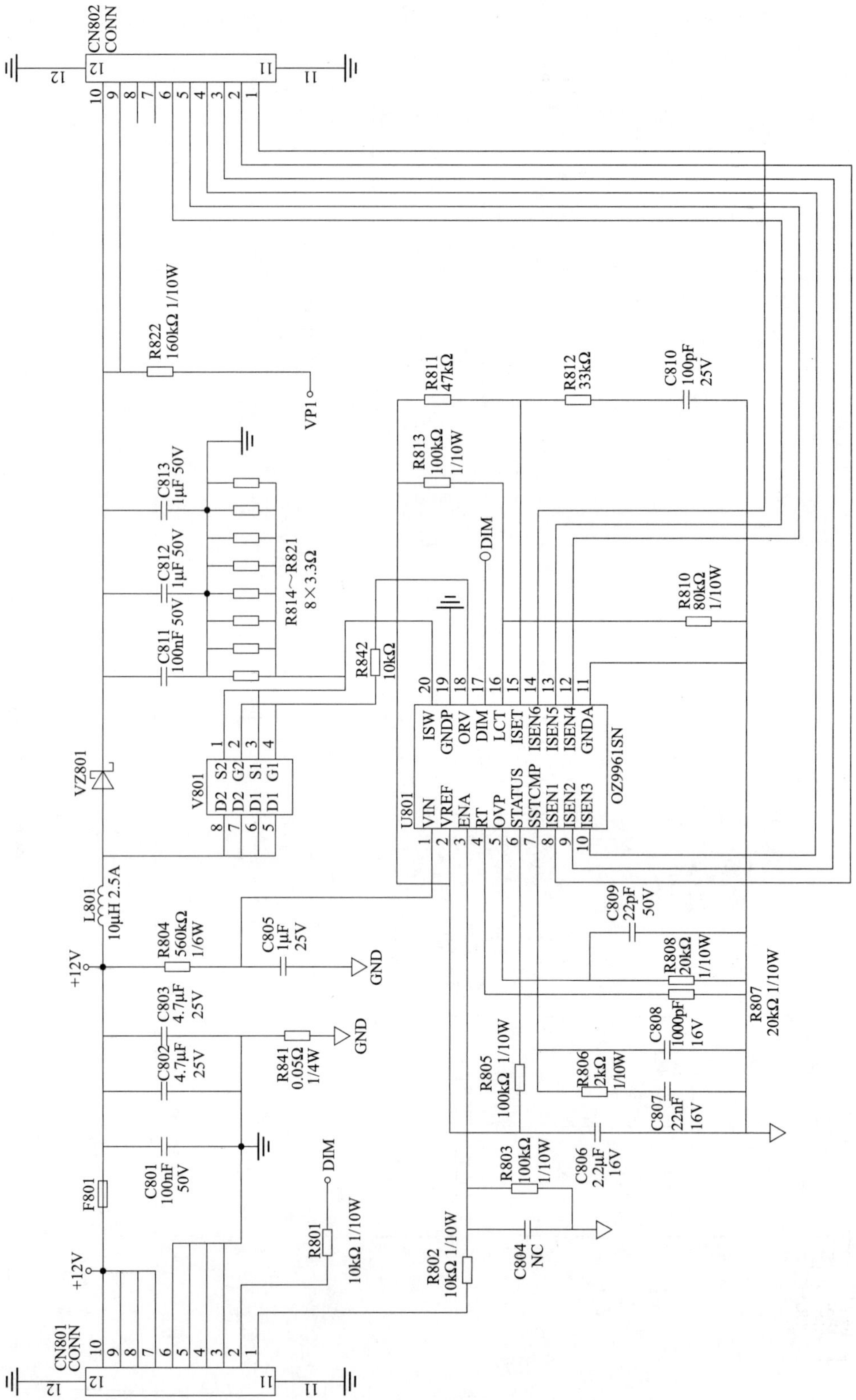

图 4—1—9 升压板电路原理图

2）升压板工作原理：

5. 液晶电视机的电源

（1）查阅相关资料，说出液晶电视机常用电源的种类及其主要参数。

（2）以小组为单位，通过互联网或到实体商店选择三种常见的液晶电视机电源，并调研其型号、主要参数及价格，结果记录在表 4—1—5 中。

表 4—1—5　　液晶电视机常用电源型号、参数及价格

调研项目	电源 1	电源 2	电源 3
型号			
输出电压			
输出电流			
最大输出功率			
价格			

（3）查阅相关资料，将图 4—1—10 所示液晶电视机并联开关电源的原理框图补充完整，并简述其工作原理。

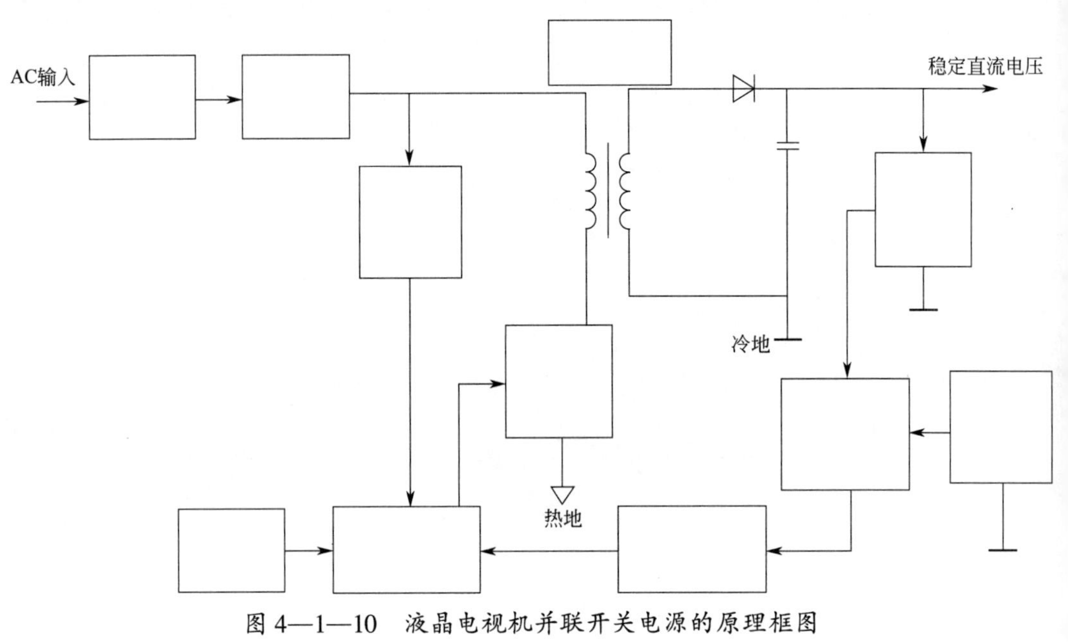

图 4—1—10 液晶电视机并联开关电源的原理框图

（4）液晶电视机中电源适配器的作用就是将不稳定的 220 V 交流电转变为需要的稳恒直流电，其内部电路板及接线图如图 4—1—11 所示。试查阅相关资料，识别电源适配器内部电路板上的主要元器件，并将其名称填写在图 4—1—11b 中。

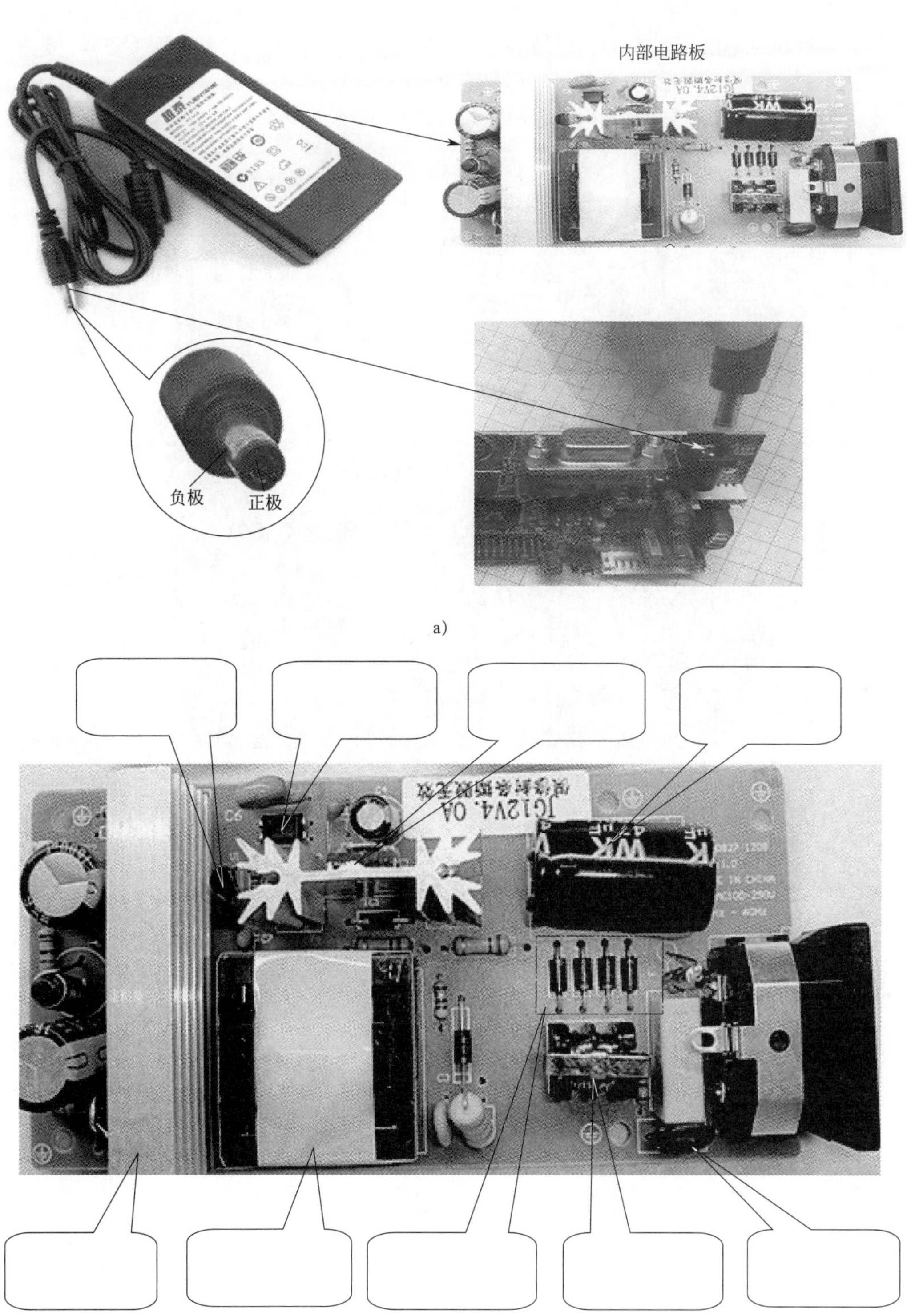

a)

b)

图 4—1—11　电源适配器内部电路板及接线图

（5）图 4—1—12 所示为某型号液晶电视机的电源组合板图。试查阅相关资料，识别其元器件，并将元器件名称填写在图中。

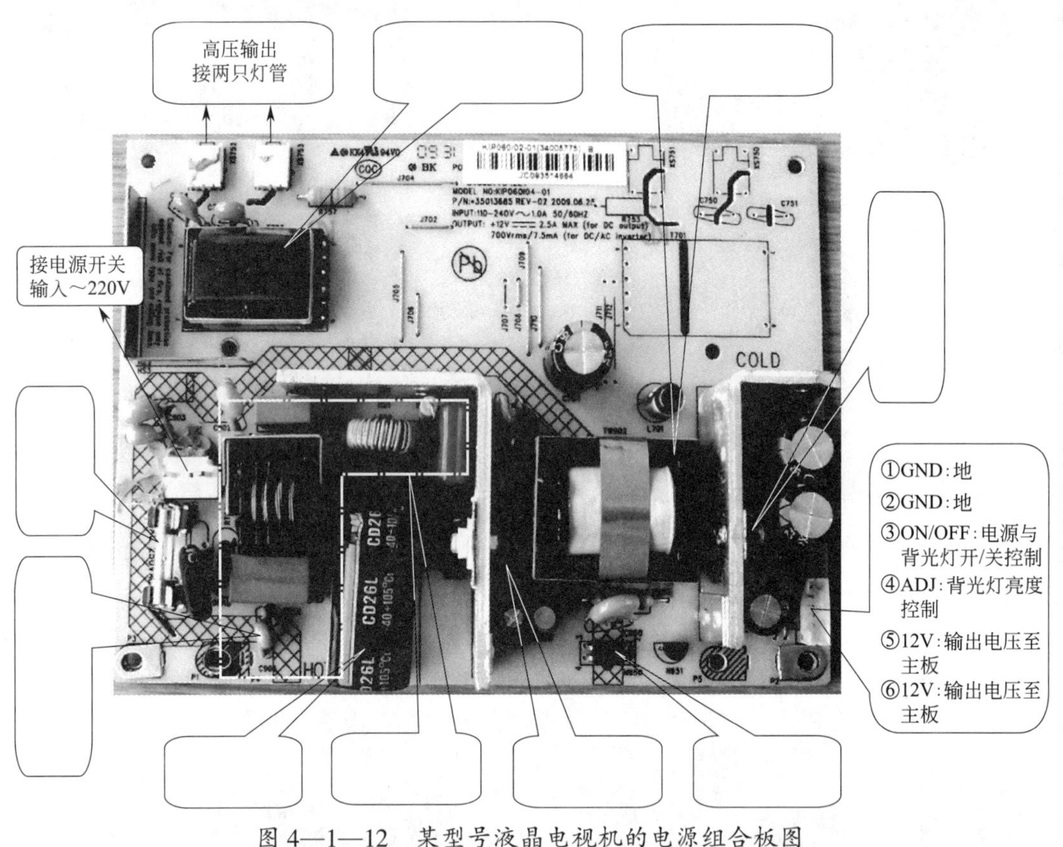

图 4—1—12　某型号液晶电视机的电源组合板图

（6）利用普通的变压整流方法能否制作出一个 12 V/3 A 液晶电视机电源？如果你认为可以，请画出电路图。

（7）图 4—1—13 所示为某型号液晶电视机开关电源的电路原理图，试分析其工作原理，指出其主要元器件的作用与名称，并在电路图上标出信号流程。

（8）液晶电视机的主板电路需要各种不同的直流电压，如 33 V、12 V、5 V、3.3 V、1.8 V、1.2 V 等，这些电压有的由开关电源直接提供，有的则由 DC-DC 变换电路产生。试查阅相关资料，简述 DC-DC 变换电路的种类与工作原理。

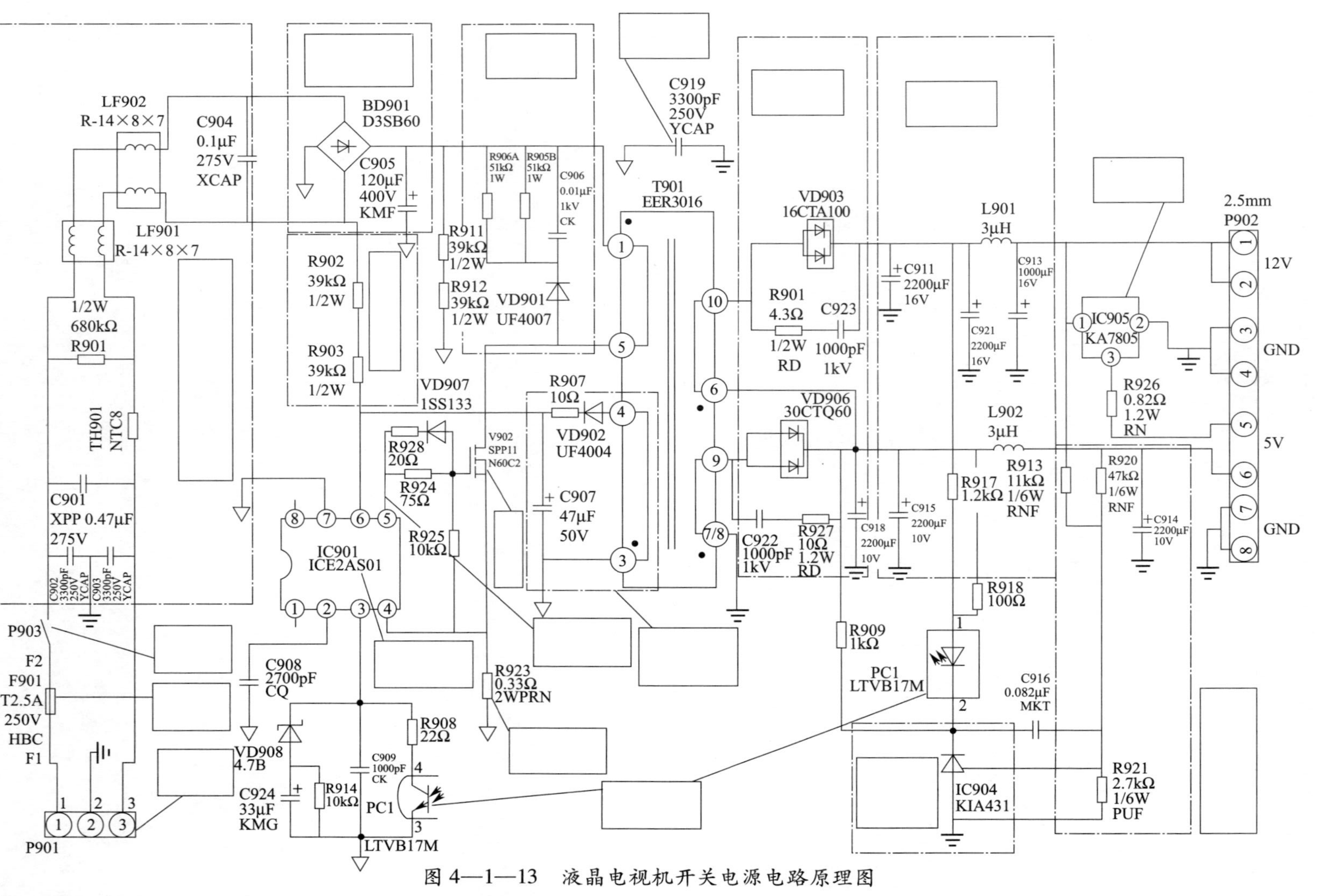

图 4—1—13 液晶电视机开关电源电路原理图

6. 液晶电视机的按键板

（1）查阅相关资料，简述液晶电视机常用按键板的种类、特点及主要参数。

（2）以小组为单位，通过互联网或到实体商店选择三种液晶电视机常用按键板，并调研其型号、主要参数及价格，结果记录在表 4—1—6 中。

表 4—1—6　按键板型号、参数及价格

调研项目	按键板 1	按键板 2	按键板 3
型号			
功能按键种类			
独立式/阶梯分压式			
是否有接收头			
是否带电源指示			
引脚数			
价格			

（3）在液晶电视机的按键板上往往还设置有红外线遥控电路。红外线遥控电路是实现用户与液晶电视机交互的渠道，其功能是更换频道，调节音量、亮度、对比度、色彩饱和度等。查阅相关资料，简述红外线遥控发射管与接收管的工作原理。

（4）图 4—1—14 所示为液晶电视机的独立式按键板实物图。查阅相关资料，画出其工作原理图，并标出元器件的编号、名称和接口引脚定义。

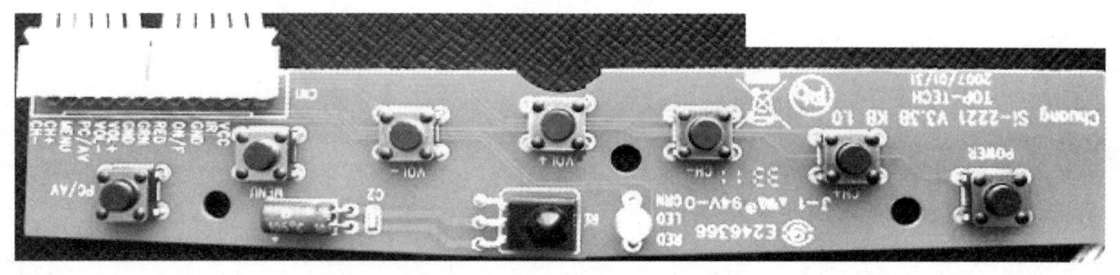

图 4—1—14　液晶电视机的独立式按键板实物图

7. 液晶电视机的液晶屏线

（1）液晶屏按显示技术不同可分为 IPS 硬屏和 VA 软屏两种。查阅相关资料，简述 IPS 硬屏和 VA 软屏有何区别？如何识别这两种液晶屏？

（2）以小组为单位，通过互联网或到实体商店选择三种液晶屏线，并调研其型号、主要参数及价格，结果记录在表 4—1—7 中。

表 4—1—7　液晶屏线型号、参数及价格

调研项目	液晶屏线 1	液晶屏线 2	液晶屏线 3
型号与接口类型			
可以连接的液晶屏类型			
针线数			
位线数			
总长度			
价格			

（3）由于液晶屏接口与主板接口外形不同，且传输方式及传输位数也不同，所以出现了多种液晶屏线，常需要通过跳线改动才能有合适的液晶屏线。仔细观察图 4—1—15 所示常见液晶屏线，总结常见液晶屏线的种类、接口及其特点。

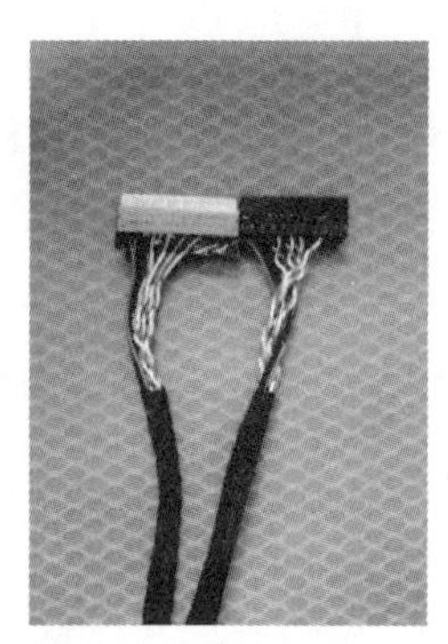
LVDS14针单6位片插-51146-D6 20-14

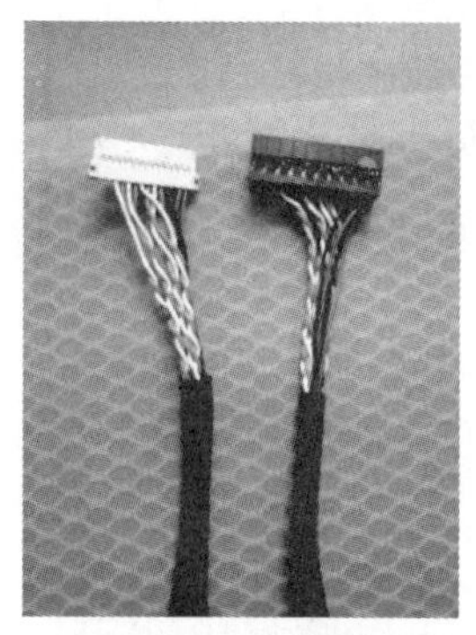
LVDS14针单6位针插-DF19-14P-D6

LVDS20针双8位针插-DF19-20P-S8

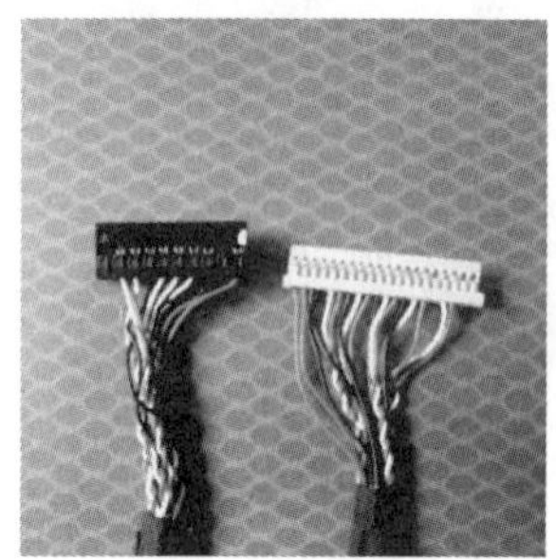
LVDS20针单6位针插-DF14-20P-D6

LVDS20针单8位针插-DF14-20P-D8

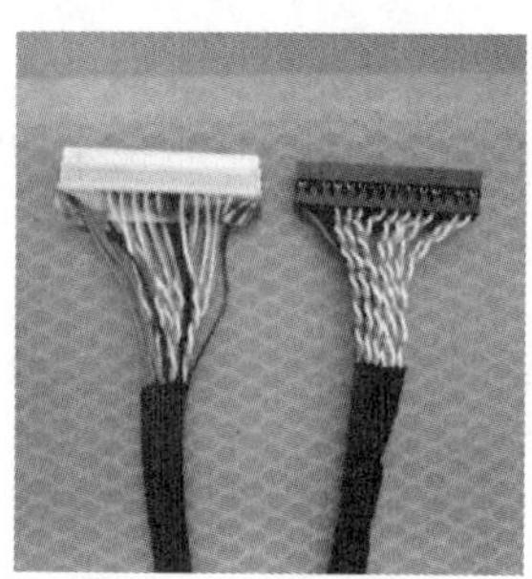
LVDS30片单8位片插-FIX-30P-D8

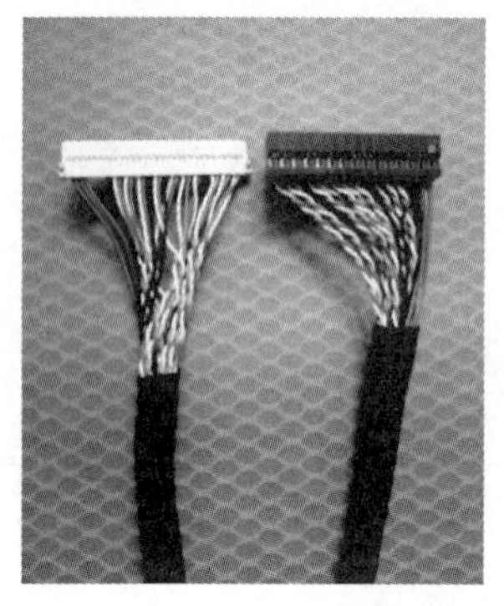
LVDS30片双8位片插-DF19-30P-S8L

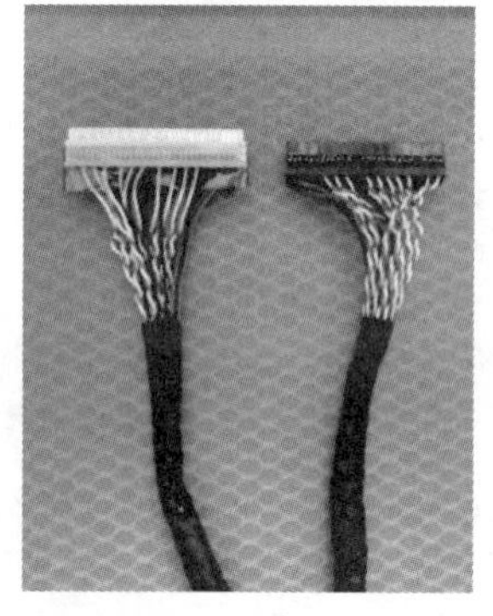
LVDS30片双8位片插-FIX-30P-S8L

LVDS30针单8位针插-DF14-30P-D8

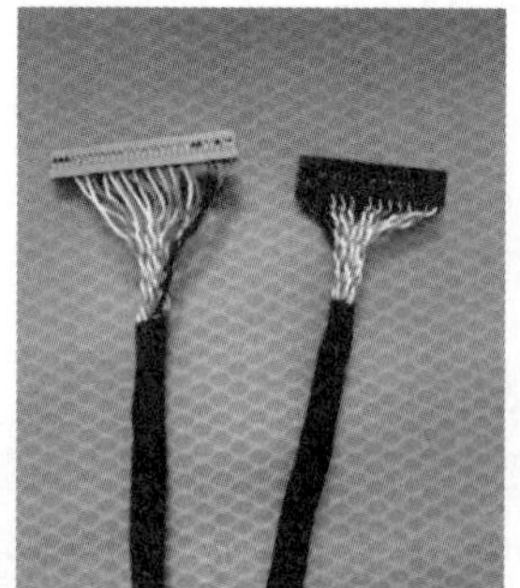
LVDS30针双8位针插-DF14-30P-S8L

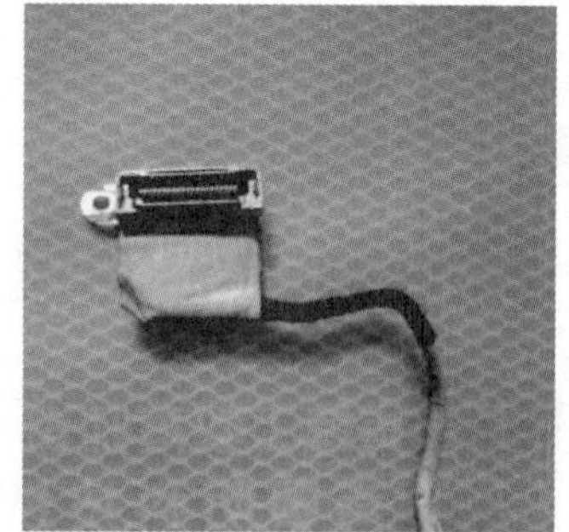
TTL专用屏正扣反扣线（31口）- DF9-31

图 4—1—15 常见液晶屏线

（4）选取两个常见的液晶屏线实例，说明其液晶屏线引脚定义与排列顺序。

8. 液晶电视机的扬声器

（1）查阅相关资料，简述衡量扬声器性能的主要参数。

（2）以小组为单位，通过互联网或到实体商店选择三种液晶电视机常用的扬声器，并调研其型号、主要参数及价格，结果记录在表 4—1—8 中。

表 **4—1—8** 液晶电视机常用扬声器型号、参数及价格

调研项目	扬声器 1	扬声器 2	扬声器 3
型号			
功率			
内阻			
长宽			
价格			

（3）查阅相关资料，简述判别扬声器好坏的方法，以及更换液晶电视机扬声器时应注意的事项。

1）判别扬声器好坏的方法：

2）更换液晶电视机扬声器的注意事项：

四、初步核算成本，接受任务

1. 根据所了解的液晶电视机各组成部件的相关信息，写出符合要求的液晶电视机部件的最低价格，并初步核算总成本（包含人工费）。若在350元以内即与客户签订组装合同；若超出350元，需重新选择部件并核算成本，或与客户重新商谈液晶电视机组装价格与性能。

2. 在指导教师的帮助下，通过互联网下载或自制组装合同，并查阅相关资料，解读合同细则。

五、制订工作计划

查阅相关资料，思考应如何分步安装液晶电视机各部件，制订个人组装液晶电视机的工作计划，并填入表 4—1—9 中。

表 **4—1—9** 液晶电视机组装工作计划表

团队名称		团队编号		任务名称		任务起止日期		
步骤	计划名称	工作内容				预计完成日期	预计工时	备注
1								
2								
3								
4								
5								
6								

教师审核意见：

教师（签名）：________ 制订计划人（签名）：________

年 月 日

评价与分析

根据每个小组成员在本活动学习过程中的表现情况填写《学习任务过程性考核记录表》。

学习活动 2　制定液晶电视机组装工作方案

学习目标

1. 能根据液晶电视机的组成，独立核算组装成本。
2. 能画出液晶电视机整机部件的安装位置图。
3. 能根据液晶电视机的组装工艺要求制定组装方案。

建议学时：12 学时。

学习过程

一、了解液晶电视机的组装材料，核算组装成本

1. 为了使组装好的液晶电视机便于测量、维修与更换部件，以方便教学，本任务不制作外壳，只用两块有机玻璃固定所有部件。试思考应如何利用 0.5 cm 厚有机玻璃放置并固定液晶电视机各部件，并画出放置各部件的示意图。

2. 分析任务要求并思考组装液晶电视机还需要哪些辅料。

3. 根据任务要求确定有机玻璃的大小与固定部件的方法，列出所需辅料清单，并填写表 4—2—1。

表 **4—2—1** 液晶电视机组装辅料清单

名称	规格与型号	数量	单价	合计
有机玻璃				
黏合剂				
螺钉				
合计				

4. 根据已有资料，以小组为单位选择性价比较高的液晶电视机部件，填写液晶电视机组装材料总清单（表 4—2—2），并计算总成本。

表 **4—2—2** 液晶电视机组装材料总清单

名称	规格与型号	数量	单价	合计	购置渠道

续表

名称	规格与型号	数量	单价	合计	购置渠道
合计：_____佰_____拾_____元_____角整			小写		

二、制定液晶电视机的组装工作方案

1. 组装液晶电视机的常用工具有哪些？试简述其使用要点。

2. 查阅相关资料，了解液晶电视机的生产工艺要求与安全要求。

（1）组装液晶电视机的工艺要求：

（2）组装液晶电视机的安全要求：

3. 根据本小组成员的不同特点进行合理分工，制定本小组组装液晶电视机的工作方案，展示并决策出最佳工作方案，填入表4—2—3中。

表4—2—3 液晶电视机组装工作方案

<table>
<tr><td>任务名称</td><td colspan="2"></td><td>任务起止日期</td><td></td><td>方案制定日期</td><td colspan="2"></td></tr>
<tr><td>序号</td><td>组装步骤</td><td colspan="3">具体工作内容</td><td>所需资料、材料及工具</td><td>负责人</td><td>参与人员</td></tr>
<tr><td>1</td><td></td><td colspan="3"></td><td></td><td></td><td></td></tr>
<tr><td>2</td><td></td><td colspan="3"></td><td></td><td></td><td></td></tr>
<tr><td>3</td><td></td><td colspan="3"></td><td></td><td></td><td></td></tr>
<tr><td>4</td><td></td><td colspan="3"></td><td></td><td></td><td></td></tr>
<tr><td>5</td><td></td><td colspan="3"></td><td></td><td></td><td></td></tr>
<tr><td>6</td><td></td><td colspan="3"></td><td></td><td></td><td></td></tr>
<tr><td>7</td><td></td><td colspan="3"></td><td></td><td></td><td></td></tr>
<tr><td>8</td><td></td><td colspan="3"></td><td></td><td></td><td></td></tr>
</table>

教师审核意见：

教师（签名）：________ 决策人（签名）：________

年 月 日

评价与分析

根据每个小组成员在本活动学习过程中的表现情况填写《学习任务过程性考核记录表》。

学习活动3　液晶电视机的组装

学习目标

1. 能通过多种途径购置液晶电视机部件。

2. 能正确填写物料领用单。

3. 能根据已学知识识别液晶电视机部件，并根据部件表面制作工艺初步判断其质量。

4. 能识别液晶电视机各部件的接口引脚。

5. 能根据制定的组装方案与工艺要求逐步完成液晶电视机的组装。

6. 能根据液晶屏面板的工作电压、物理像素对免烧程四合一驱动主板用跳线方式做出相应调整。

建议学时：24学时。

学习过程

一、模拟购置液晶电视机部件

1. 结合日常生活经验，总结利用互联网选购液晶电视机部件的具体步骤。

2. 真实购置一个液晶电视机的组成部件，并记录购买过程。

二、填写物料领用单，并领料

1. 根据小组讨论后确定的液晶电视机组装材料总清单（表 4—2—2）和液晶电视机组装工作方案（表 4—2—3），填写物料领用单（表 4—3—1）。

表 4—3—1　物料领用单

任务名称		指导教师	
材料与工具名称	规格与型号	数量	目测外观情况

材料发放人(签字)：____________

领用人(签字)：____________

年　　月　　日

2. 根据物料领用单，到指定地方向物料管理员领取液晶电视机套件及组装工具，按物料领用单清点物料，并从外观上检查各部件是否完整，检查无误后在领用单上签字。

三、识别液晶电视机各部件的接口引脚

1. 以图 4—3—1 所示 LTN141XA-L01 型液晶屏接口引脚图为例，查阅相关资料，说出

液晶屏接口第一引脚的识别方法与各引脚的功能，并填写在表 4—3—2 中。

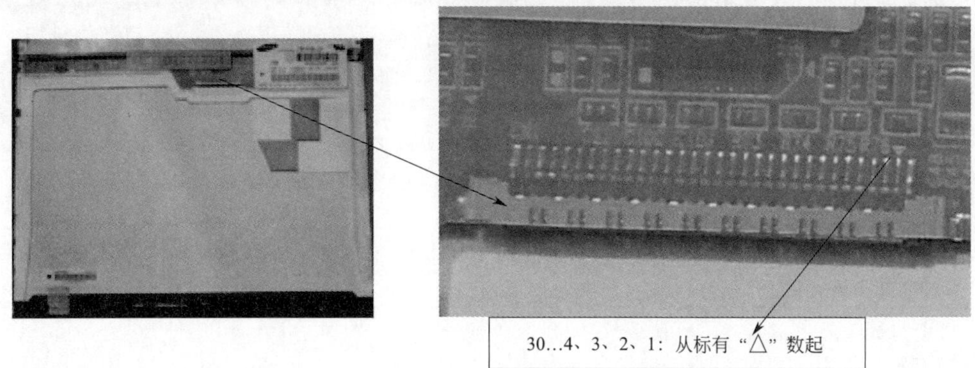

图 4—3—1　LTN141XA-L01 型液晶屏接口引脚图

表 4—3—2　**LTN141XA-L01** 型液晶屏接口引脚功能表

序号	引脚	功能	备注
1	VSS		
2	VDD		
3	VDD		
4	VEEDID		
5	NC		
6	CLKEDID		
7	DATAEDID		
8	RxIN0-		
9	RxIN0+		
10	VSS		
11	RxIN1-		
12	RxIN1+		

续表

序号	引脚	功能	备注
13	VSS		
14	RxIN2-		
15	RxIN2+		
16	VSS		
17	RxCLK-		
18	RxCLK+		
19	VSS		
20~30	NC		

2. 仔细观察图 4—3—2 所示液晶屏线引脚排列图，简述液晶屏线第一引脚的识别方法。

图 4—3—2　液晶屏线引脚排列图

3. 仔细观察图 4—3—3 所示主板至液晶屏输出接口实物图，查阅相关资料，说出 RTD2660 四合一驱动主板至液晶屏输出接口第一引脚的识别方法以及各引脚的功能。

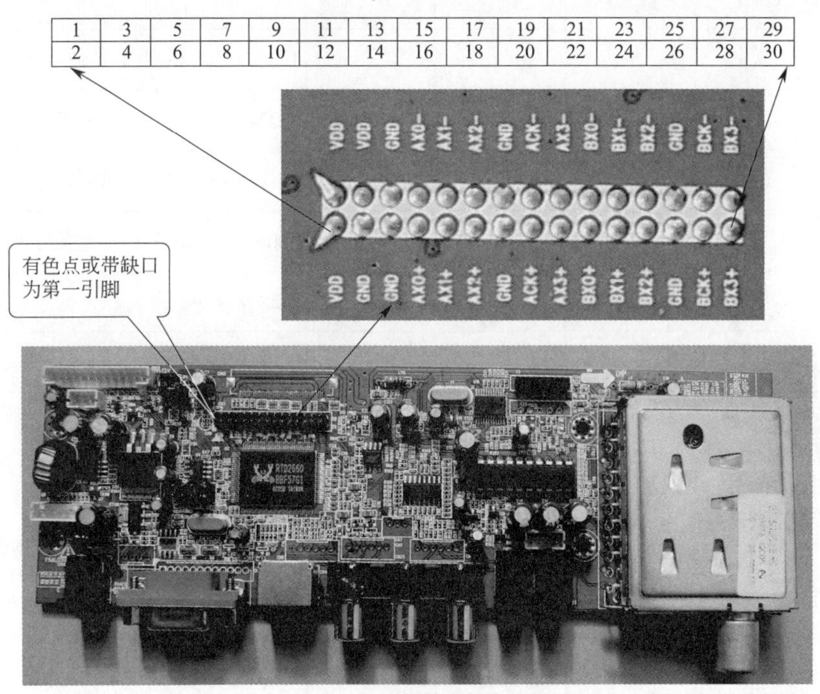

图 4—3—3　主板至液晶屏输出接口实物图

4. 查阅相关资料，说出 RTD2660 四合一驱动主板可支持液晶屏的跳线方法，并填入表 4—3—3 中。

表 **4—3—3**　　**RTD2660** 四合一驱动主板可支持液晶屏的跳线方法

	跳线方法				支持分辨率
	8—7	6—5	4—3	2—1	
LVDS 屏					1 280×1 024—双 8（17 英寸、18 英寸）
					1 024×768—单 8（15 英寸）
					1 024×768—单 6（14 英寸、15 英寸）
					800×600—单 6（10. 4 英寸）
					1 280×800—单 6（15 英寸宽屏）
					640×480—单 6
					1 280×768—单 6
					1 440×900—双 8
					1 366×768—单 8（32~37 英寸）
					1 680×1 050—双 8（20~22 英寸）
					1 920×1 200—双 8（24 英寸高分辨率）
					1 920×1 080—双 8
					1 600×1 200—双 8（20 英寸标准）

5. 查阅相关资料，说出 RTD2660 四合一驱动主板对应液晶屏引脚的功能，以及可适用的液晶屏种类，并填入表 4—3—4 中。

表 **4—3—4**　　　　主板与液晶屏引脚对照表

<table>
<tr><th colspan="2">RTD2660 四合一
驱动主板输出接口</th><th colspan="2">LTN141XA-L01
型液晶屏输入接口</th><th colspan="4" rowspan="2">可适用液晶屏</th></tr>
<tr><th>引脚</th><th>功能</th><th>对应引脚</th><th>功能</th></tr>
<tr><td>1</td><td>VDD</td><td>2</td><td></td><td rowspan="16">LVDS 单路 6 bit 使用引脚 如：LTN141-XA-L01</td><td rowspan="18">LVDS 单路 8 bit 使用引脚</td><td rowspan="16">LVDS 双路 6 bit 使用引脚</td><td rowspan="18">LVDS 双路 8 bit 使用引脚</td></tr>
<tr><td>2</td><td>VDD</td><td>3</td><td></td></tr>
<tr><td>3</td><td>VDD（空）</td><td></td><td></td></tr>
<tr><td>4</td><td>GND</td><td>1</td><td></td></tr>
<tr><td>5</td><td>GND</td><td>10</td><td></td></tr>
<tr><td>6</td><td>GND</td><td>13</td><td></td></tr>
<tr><td>7</td><td>AX0-</td><td>8</td><td></td></tr>
<tr><td>8</td><td>AX0+</td><td>9</td><td></td></tr>
<tr><td>9</td><td>AX1-</td><td>11</td><td></td></tr>
<tr><td>10</td><td>AX1+</td><td>12</td><td></td></tr>
<tr><td>11</td><td>AX2-</td><td>14</td><td></td></tr>
<tr><td>12</td><td>AX2+</td><td>15</td><td></td></tr>
<tr><td>13</td><td>GND</td><td>16</td><td></td></tr>
<tr><td>14</td><td>GND</td><td>19</td><td></td></tr>
<tr><td>15</td><td>ACK-</td><td>17</td><td></td></tr>
<tr><td>16</td><td>ACK+</td><td>18</td><td></td></tr>
<tr><td>17</td><td>AX3-</td><td></td><td></td><td>空</td><td>空</td></tr>
<tr><td>18</td><td>AX3+</td><td></td><td></td><td>空</td><td>空</td></tr>
<tr><td>19</td><td>BX0-</td><td>20</td><td></td><td>空</td><td>空</td><td rowspan="10">LVDS 双路 6 bit 使用引脚</td><td rowspan="12">LVDS 双路 8 bit 使用引脚</td></tr>
<tr><td>20</td><td>BX0+</td><td>21</td><td></td><td>空</td><td>空</td></tr>
<tr><td>21</td><td>BX1-</td><td>23</td><td></td><td>空</td><td>空</td></tr>
<tr><td>22</td><td>BX1+</td><td>24</td><td></td><td>空</td><td>空</td></tr>
<tr><td>23</td><td>BX2-</td><td>26</td><td></td><td>空</td><td>空</td></tr>
<tr><td>24</td><td>BX2+</td><td>27</td><td></td><td>空</td><td>空</td></tr>
<tr><td>25</td><td>GND</td><td>25</td><td></td><td>空</td><td>空</td></tr>
<tr><td>26</td><td>GND</td><td>28</td><td></td><td>空</td><td>空</td></tr>
<tr><td>27</td><td>BCK-</td><td>29</td><td></td><td>空</td><td>空</td></tr>
<tr><td>28</td><td>BCK+</td><td>30</td><td></td><td>空</td><td>空</td></tr>
<tr><td>29</td><td>BX3-</td><td></td><td></td><td>空</td><td>空</td><td>空</td></tr>
<tr><td>30</td><td>BX3+</td><td></td><td></td><td>空</td><td>空</td><td>空</td></tr>
</table>

6. 仔细观察图 4—3—4 所示液晶电视机驱动主板其他接口的引脚说明图，查阅相关资料，说出液晶电视机驱动主板与其他电路接口的引脚功能。

IR-VCC	IR-IN	GND	ON/OFF	LED-R	LED-G	GND	VOL+	VOL-	PC-AV	MENU	CH+	CH-
1	2	3	4	5	6	7	8	9	10	11	12	13

GND	GND	ADJ	BLK	12V	12V
1	2	3	4	5	6

IR-VCC	GND	IR-IN
1	2	3

SPK-L	GND	GND	SPK-R
1	2	3	4

图 4—3—4 液晶电视机驱动主板其他接口的引脚说明图

7. 仔细观察图 4—3—5 所示液晶电视机整机实物接线图，判别液晶电视机各部件的接口引脚，并根据接口引脚定义在实物接线图上把整机部件电源线、信号线连接起来。

四、液晶电视机的组装

小提示

在整个组装过程中，要做好防静电措施，戴好防静电手环与手套。整机接好线后绝不能立即通电，要先调整主板液晶屏的工作电压，否则会损坏液晶屏。

1. 小组讨论，确定固定液晶屏与四合一驱动主板等部件的四块有机玻璃的尺寸，并在图 4—3—6 中标出，也可自行设计但需绘制出设计图。

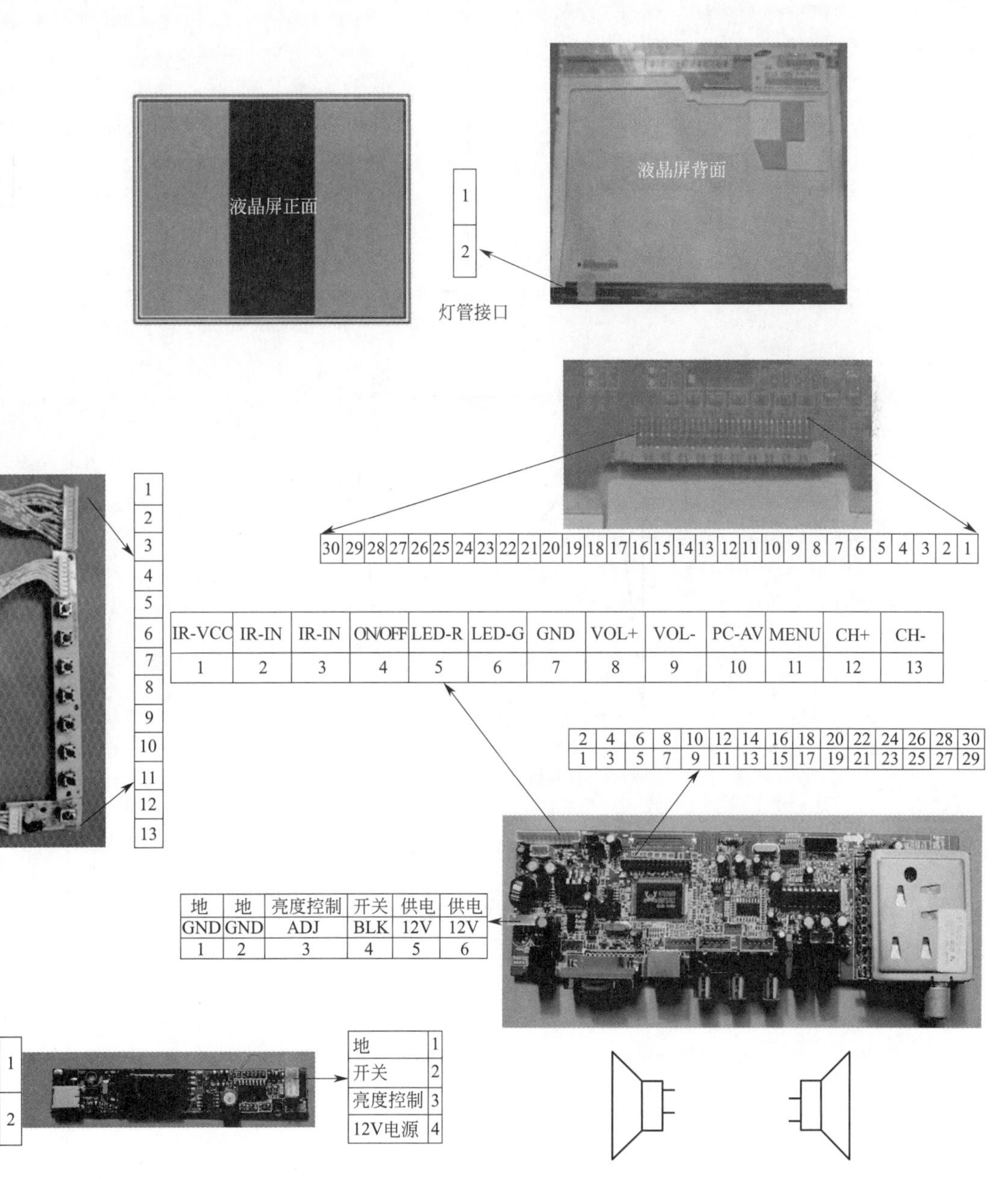

图 4—3—5　液晶电视机整机实物接线图

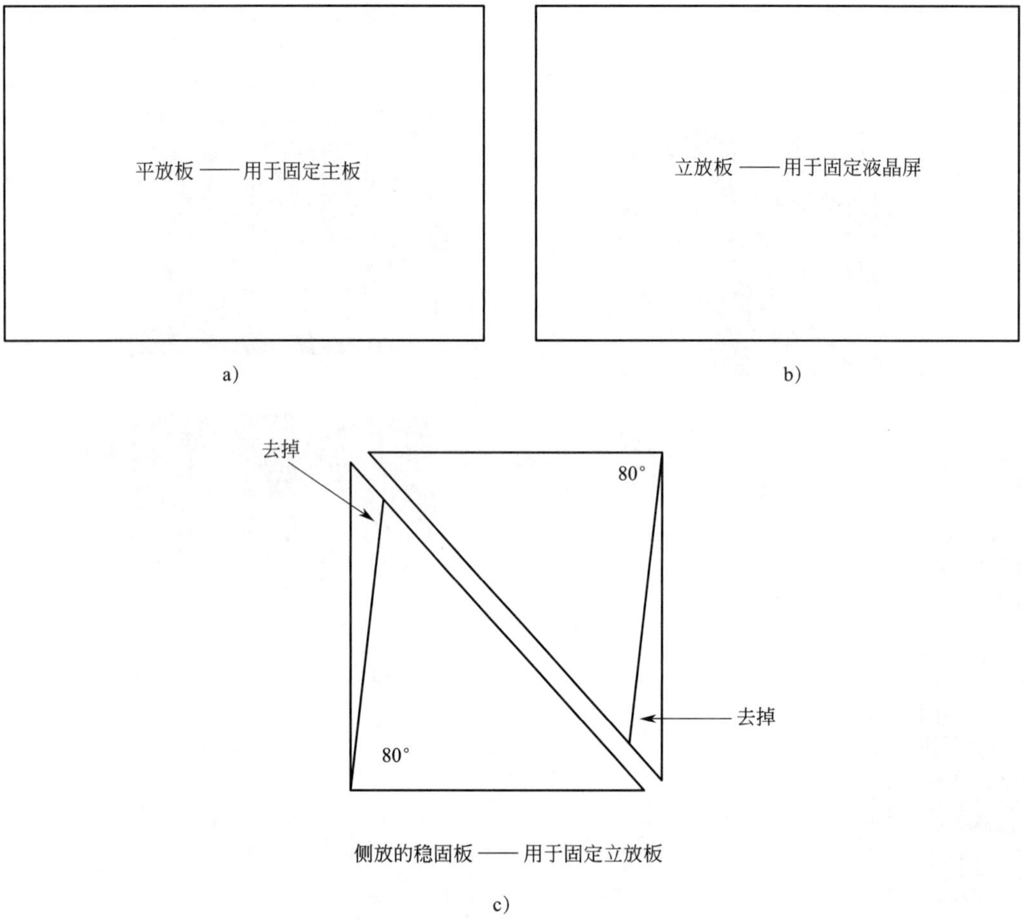

图 4—3—6　液晶电视机支架设计图

2. 参照图 4—3—7 设计扬声器与液晶屏面板的固定位置，并简述固定扬声器与液晶屏面板时有哪些注意事项。

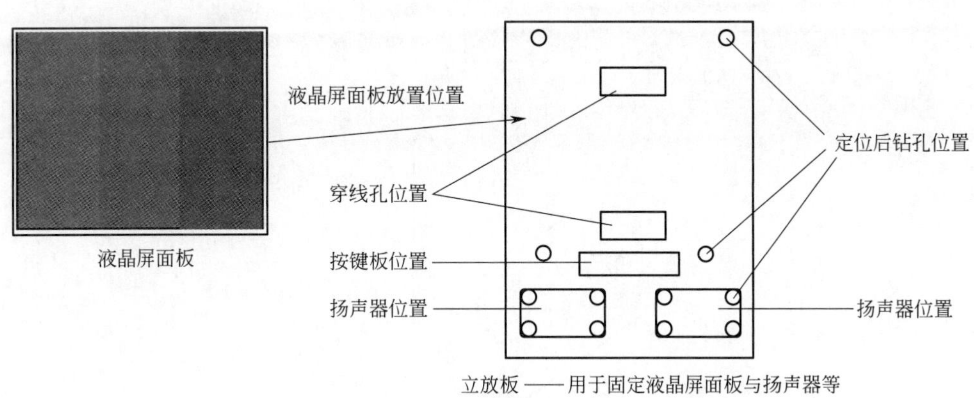

图 4—3—7　扬声器与液晶屏面板的固定

3. 参照图 4—3—8 设计 RTD2660 四合一驱动主板的固定位置，并简述设计主板固定位置时需注意的事项，以及用 ϕ0.4 cm 钻头钻孔时需注意的事项。

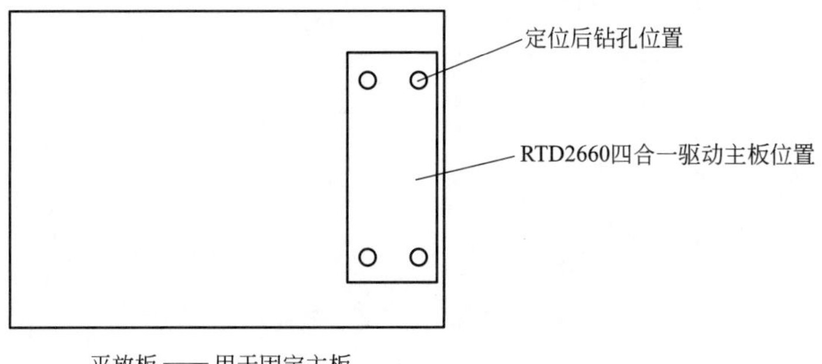

图 4—3—8　RTD2660 四合一驱动主板的固定

4. 参照图 4—3—9 设计用于固定液晶电视机各部件的有机玻璃板的相对位置，并分小组讨论，在用热熔胶固定侧放的稳固板与立放板时需注意哪些事项。

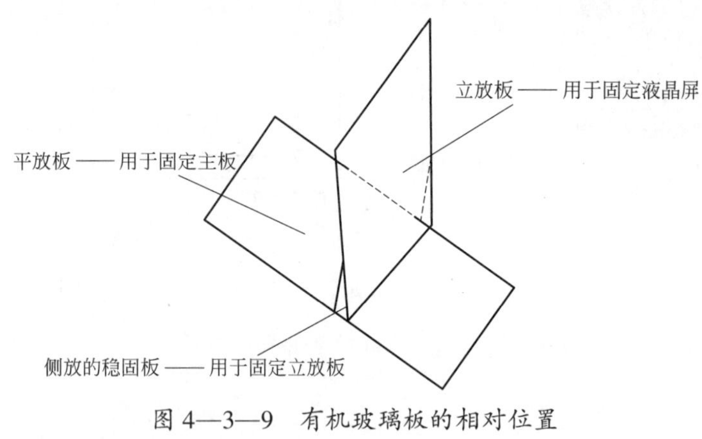

图 4—3—9 有机玻璃板的相对位置

5. 在确定液晶电视机的所有部件接口引脚定义通过排线连接能一一对应后，即可进行整机接线操作。试结合图 4—3—10 简述液晶屏、高压板、背光灯驱动板、按键板以及液晶屏线的接线方法及其注意事项。

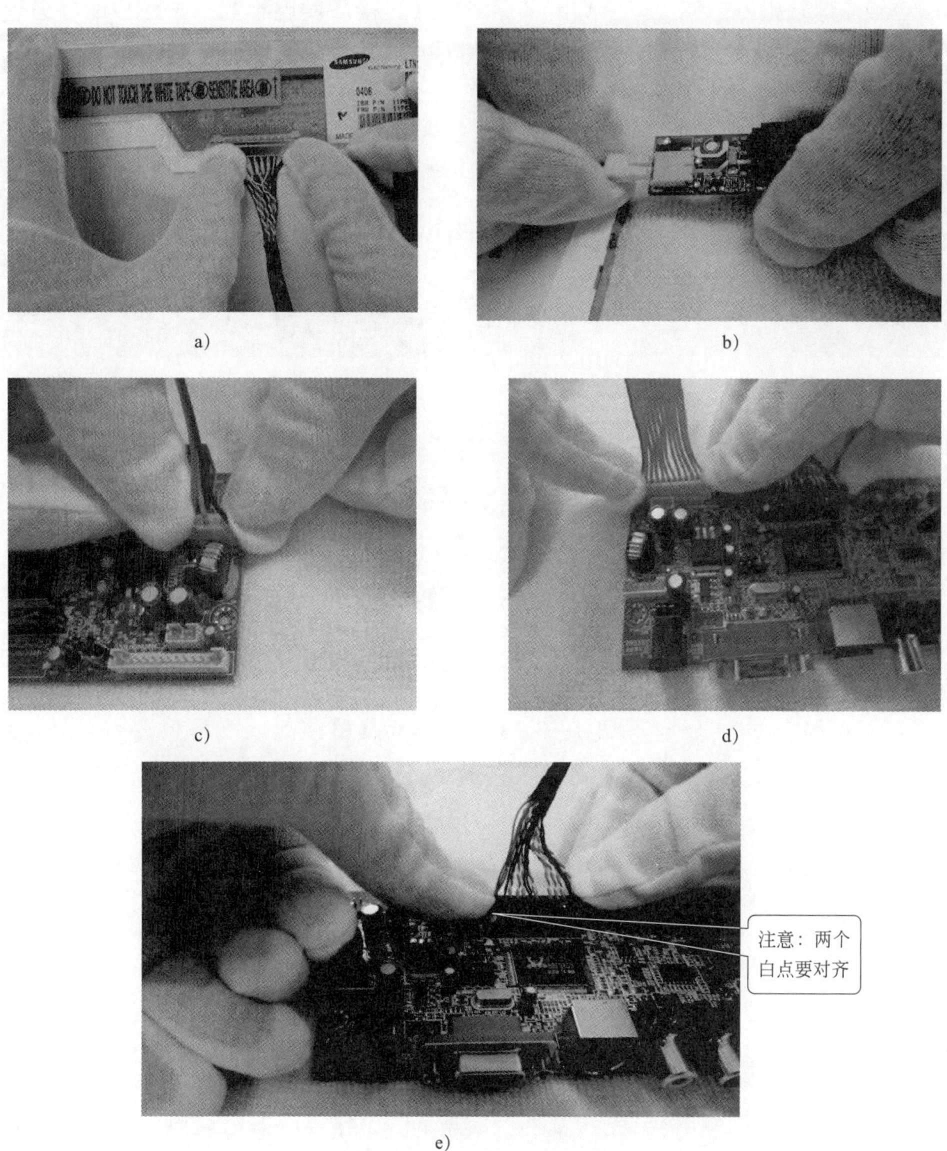

a）　b）　c）　d）　e）

图 4—3—10　整机接线操作

a）液晶屏接线方法（金属片向上）　b）高压板接线方法　c）背光灯驱动板接线方法　d）按键板接线方法　e）液晶屏线接线方法

6. 当液晶电视机各部件接口引脚定义通过排线连接后发现不能一一对应时，必须改变排线头的信号线排列顺序以使其符合部件之间的信号连接。试查阅相关资料，结合图 4—3—11 简述应如何改变排线头的信号线排列顺序。

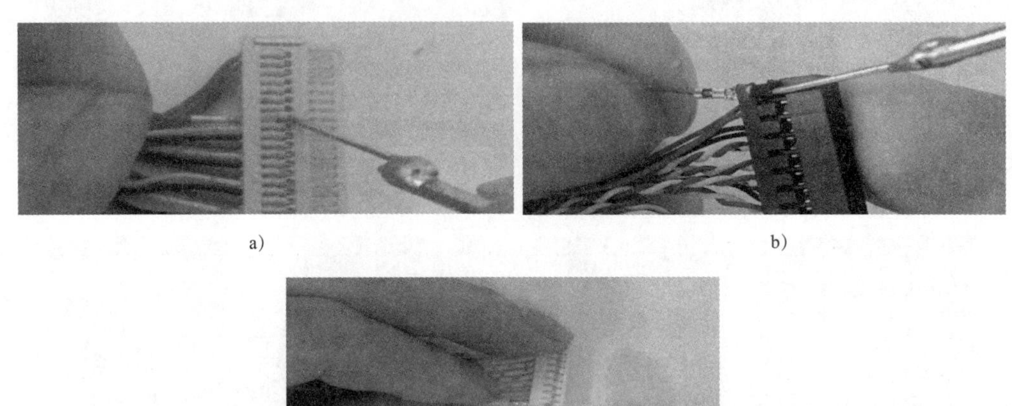

a)　　b)

c)

图 4—3—11　跳线示意图

7. 液晶电视机组装完毕，经检查所有部件均稳固，接口引脚通过信号线一一对应，并将所有走线整理固定好后，需要先调整主板液晶屏的工作电压方能通电试机，否则会损坏液晶屏。试查阅 RTD2660 四合一驱动主板的相关资料，回答下列问题。

（1）如何调整 RTD2660 四合一驱动主板输出到液晶屏面板 LTN141XA－L01 的工作电压？

（2）如何调整 RTD2660 四合一驱动主板，使液晶电视机达到需要的清晰度？

（3）简述 RTD2660 四合一驱动主板驱动程序的烧录步骤。

（4）结合图 4—3—12 简述调整 RTD2660 四合一驱动主板输出到液晶屏面板的工作电压为 3.3 V、清晰度为 1 204×768 的具体步骤和方法。

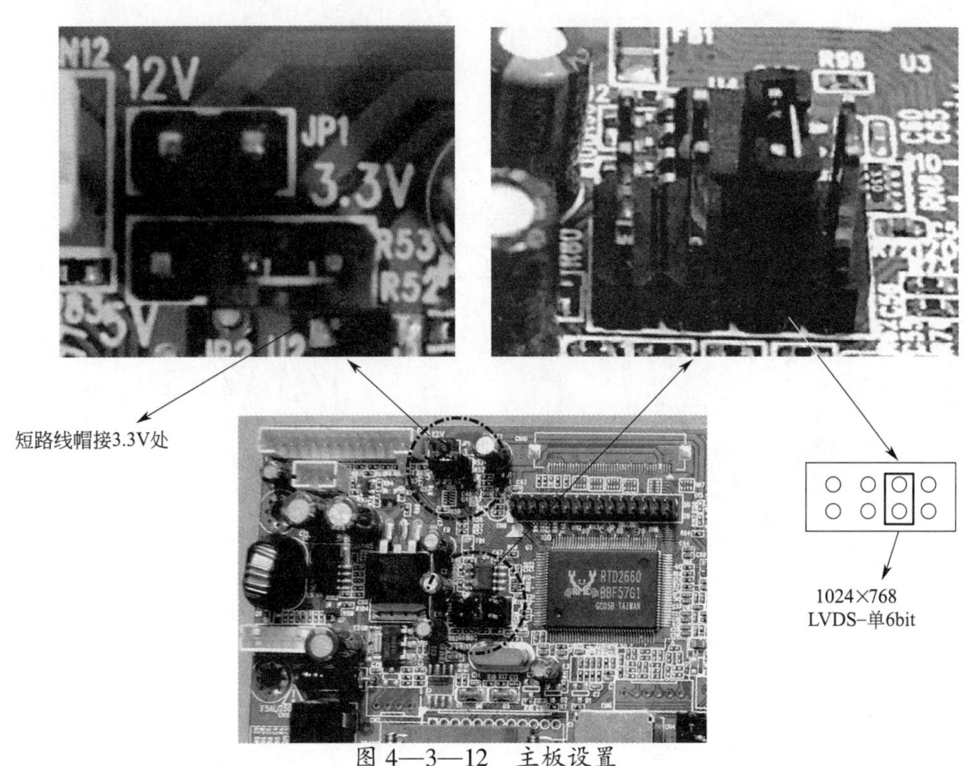

图 4—3—12　主板设置

8. 参考表 4—3—5 逐步完成液晶电视机各组成部件的组装与调整。

表 **4—3—5** 液晶电视机的组装与调整

序号	工作内容	操作示意图	工艺要点
1	设计与加工固定液晶屏面板的有机玻璃板（立放板），并在立放板上对扬声器、液晶屏、按键板以及相应引线进行穿孔定位、打孔	液晶屏面板；液晶屏面板放置位置；穿线孔位置；按键板位置；扬声器位置；定位后钻孔位置；扬声器位置 立放板 —— 用于固定液晶屏面板与扬声器等	用实物来定位，以保证打孔准确。有机玻璃板大小自选，但必须以不浪费材料为原则
2	设计与加工固定主板的有机玻璃板（平放板）并打孔	定位后钻孔位置；四合一驱动主板位置 平放板 —— 用于固定主板	主板输入端的电路板边缘必须与平放板边缘齐平，让信号输入端突出。主板的定位必须准确，否则会使主板变形
3	设计与加工固定立放板与平放板的有机玻璃板（侧板）	去掉；80°；80°；去掉 侧放的稳固板 —— 用于固定立放板	液晶屏一般不是垂直放置的，而是有一定角度，可自定斜角大小，但必须符合人的视觉感观

续表

序号	工作内容	操作示意图	工艺要点
4	在立放板上固定扬声器并接好引线		扬声器可立放也可平放，但必须对称，并用螺钉固定
5	用热熔胶固定立放板、平放板和侧板		先量好位置，固定两块侧板，再固定立放板，涂热熔胶时要快速、均匀、适量，多余的热熔胶必须在凝固后再用刀片切去
6	在平放板上固定主板		主板输入端的电路板边缘必须与平放板边缘齐平，让信号输入端突出。主板的定位必须准确，否则会使主板变形

续表

序号	工作内容	操作示意图	工艺要点
7	接好按键板线并穿过立放板，在立放板上固定按键板		先接上按键板线并将线穿过立放板预留孔，然后在按键板上均匀涂抹适量热熔胶，用手轻压，一段时间后再放开
8	液晶屏面板与液晶屏线相接	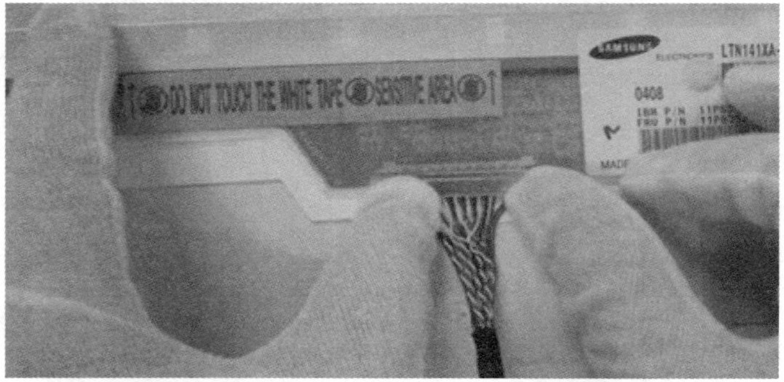	要做好防静电措施，戴好防静电手环与手套，注意液晶屏的第一引脚标志“△”与液晶屏线第一根红线相对（液晶屏线金属面向上）
9	把液晶屏线穿过立放板并在立放板上固定液晶屏面板	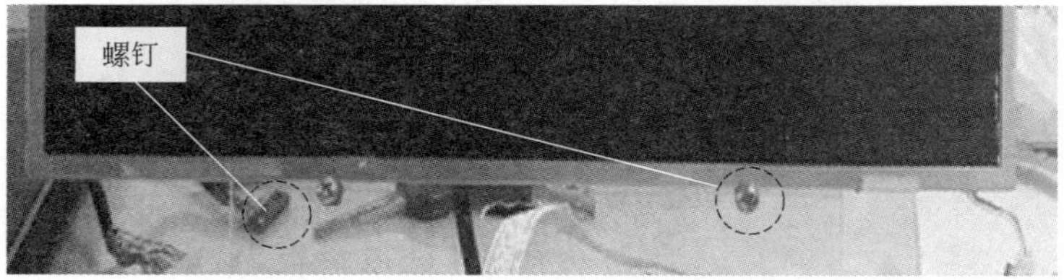 螺钉	上下左右用6个螺钉固定，螺钉位置要恰当且不能拧得过紧，以防损坏液晶屏

续表

序号	工作内容	操作示意图	工艺要点
10	在立放板上固定背光灯驱动板并接好灯管线		先接上液晶屏面板的灯管线，然后根据灯管线长短用热熔胶把驱动板固定在液晶屏面板后面的立放板上，驱动板上涂的热熔胶要适量、均匀，并用手轻压，一段时间后再放开
11	将主板与背光灯驱动板连接好，并把扬声器引线插头插到主板相应插座上		要做好防静电措施，戴好防静电手环与手套，注意插头与插座的定位要对应，压下时必须两边同时用力
12	把液晶屏线接到主板上		要做好防静电措施，戴好防静电手环与手套，注意液晶屏线上的白点与主板上的白点要对应，压下时必须两边同时用力

续表

序号	工作内容	操作示意图	工艺要点
13	把按键板线接到主板上，至此整机组装完成	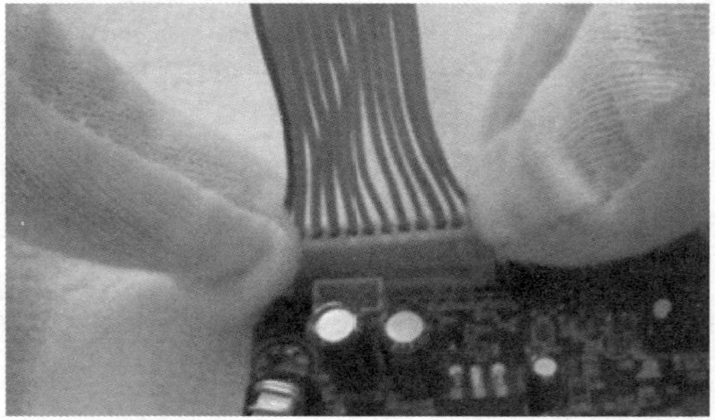	要做好防静电措施，戴好防静电手环与手套
14	调整主板对液晶屏的供电电压	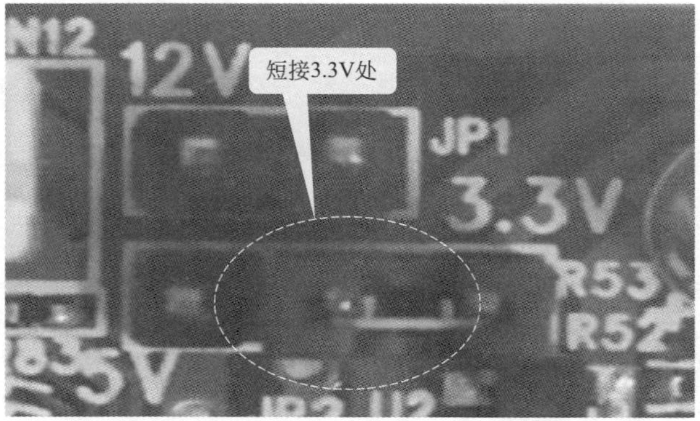 短接3.3V处	把跳线跳至 3.3 V 处

续表

序号	工作内容	操作示意图	工艺要点
15	调整主板支持清晰度	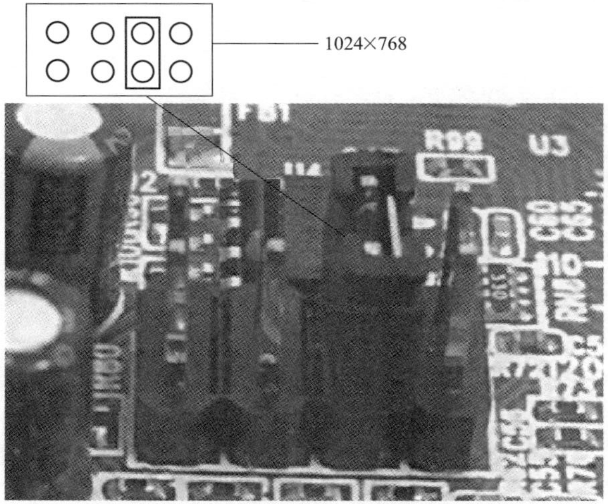 1024×768	把跳线跳至从左数起第三排处为 1 024×768
16	整机检查并通电试机		检查所有部件是否已固定，所有接线是否已接好，所有接口是否已用热熔胶固定，所有引线是否已整理并固定好

评价与分析

根据每个小组成员在本活动学习过程中的表现情况填写《学习任务过程性考核记录表》。

学习活动 4 液晶电视机的性能测试与检修

学习目标

1. 能正确使用万用表与示波器测量液晶电视机各部件的工作参数。

2. 能排除组装液晶电视机时出现的一些简单故障。

3. 能用遥控器调整液晶电视机各性能参数，如亮度、对比度、RGB 基色、图像中心等，使液晶电视机达到最佳状态。

4. 能检查液晶电视机各功能是否正常。

5. 能对液晶电视机进行简单老化测试。

建议学时：30 学时。

学习过程

一、测量液晶电视机各部件工作电压与波形

1. 对于液晶电视机的整机性能测试，常需要测量液晶电视机各部件接口处的工作电压与波形，用于排除组装液晶电视机时出现的一些部件级故障。试查阅相关资料，说明一般需要测量哪些部件的工作电压与波形，以及测量时的注意事项。

2. 按图 4—4—1 所示方法测量液晶电视机整机的主要工作电压，测量结果填写在表 4—4—1 中。（提示：使用万用表电压挡，黑表笔接地——高频头金属壳，红表笔接测量点）

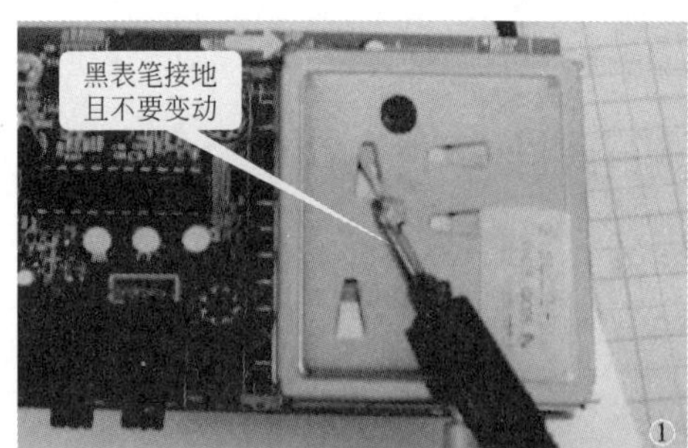

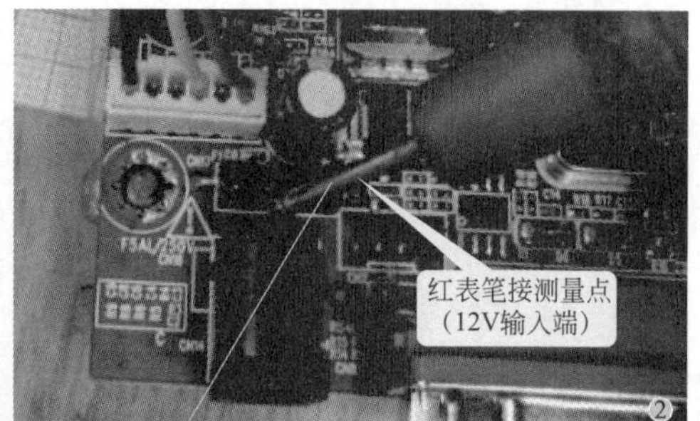

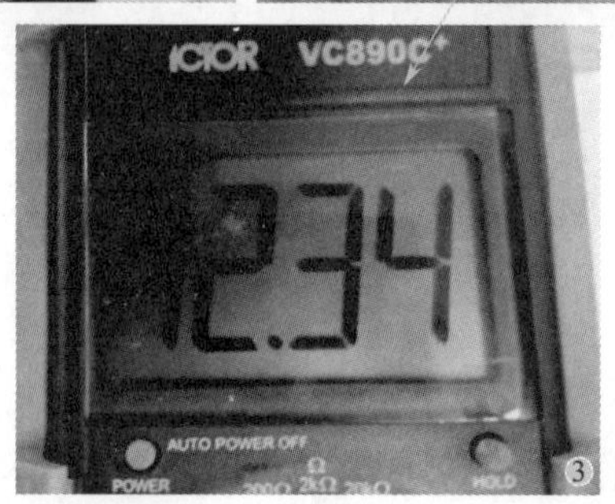

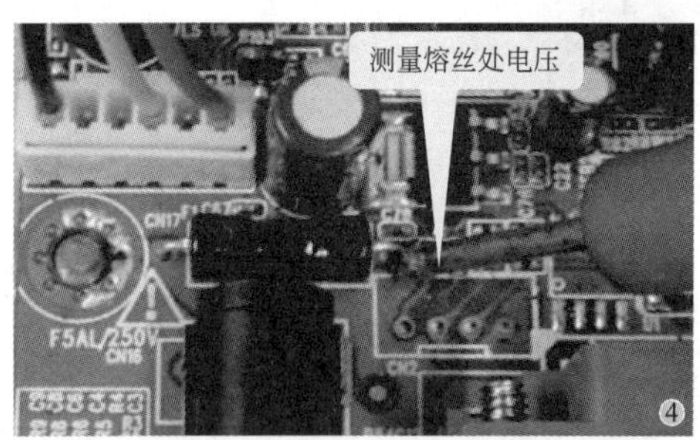

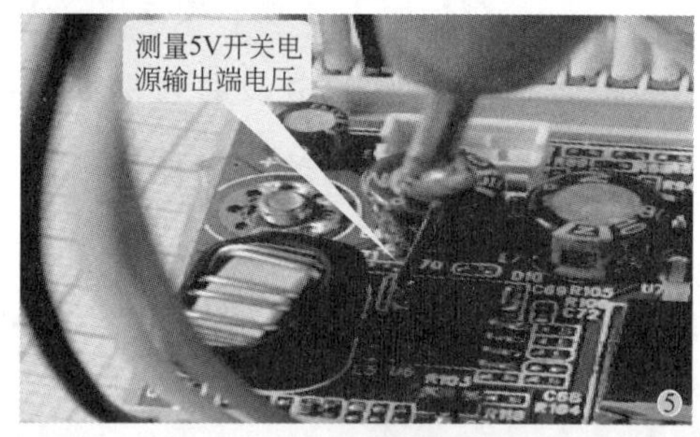

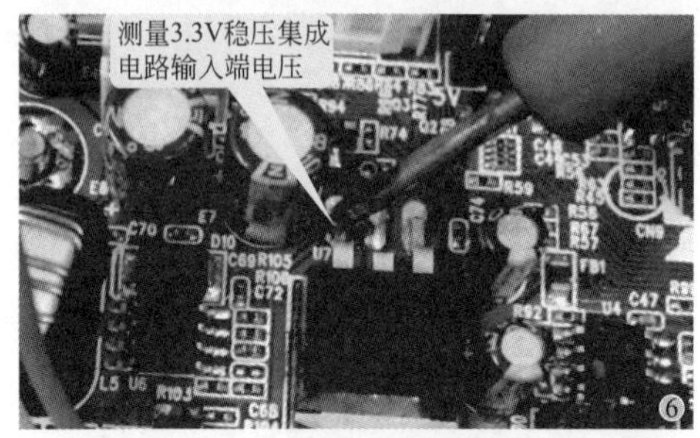

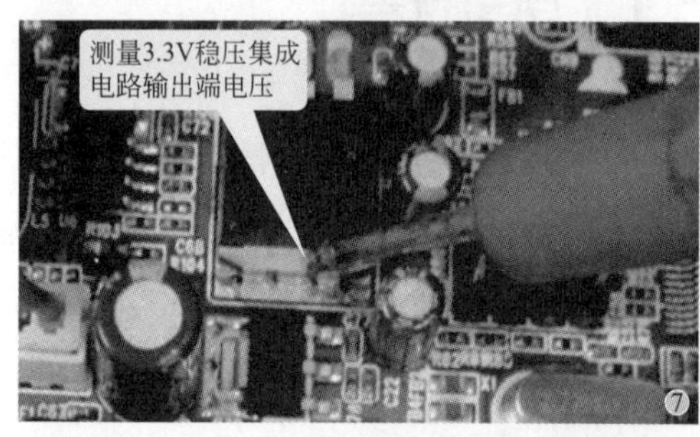

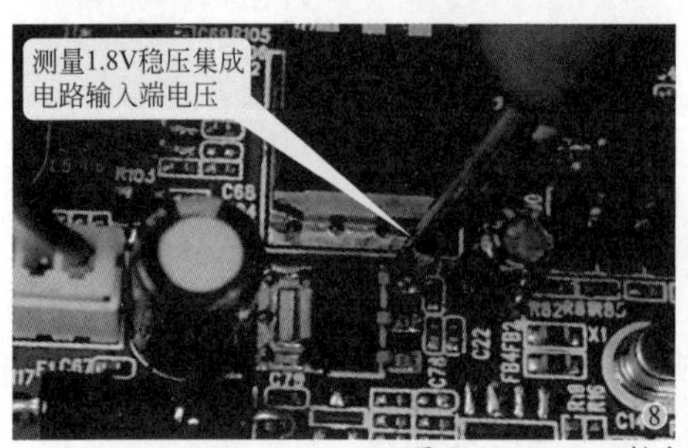

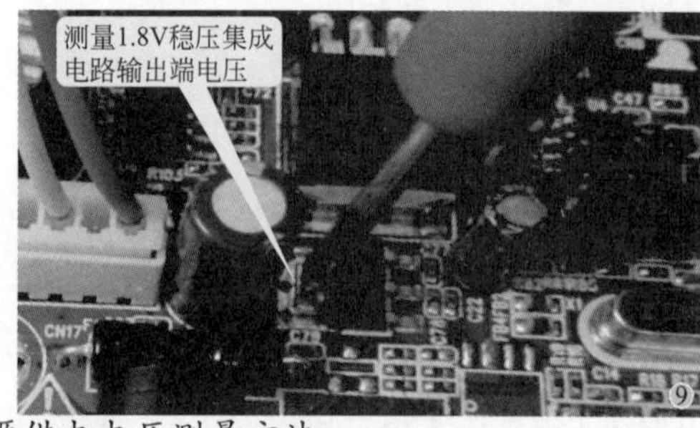

图 4—4—1 整机电源供电电压测量方法

表 **4—4—1**　整机电源供电电压

测量项目	整机输入电压	熔丝处电压	5 V 开关电源输出电压	3. 3 V 稳压集成电路输入与输出电压	1. 8 V 稳压集成电路输入与输出电压
电压					

3. 根据图 4—4—2 所示测量方法，测量主板至液晶屏接口的工作电压，测量结果记录在表 4—4—2 中。

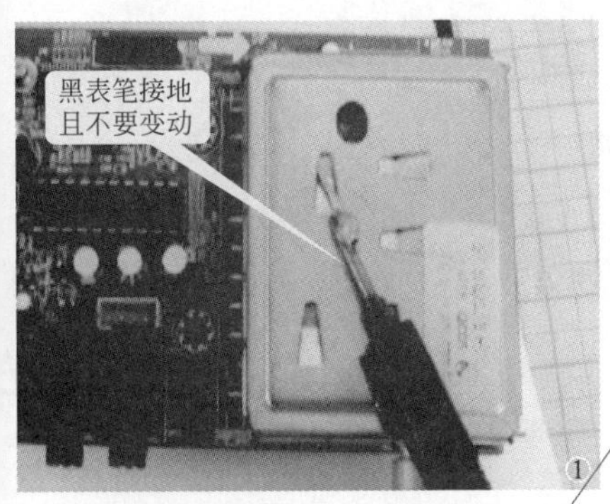

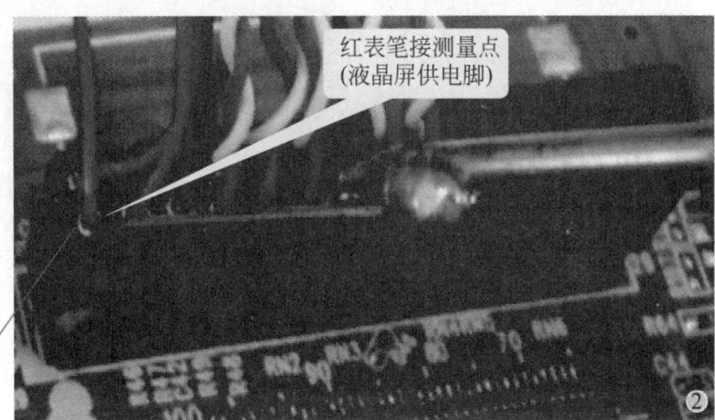

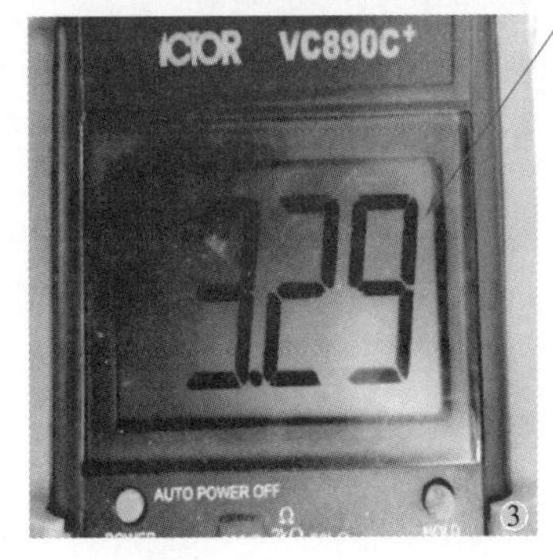

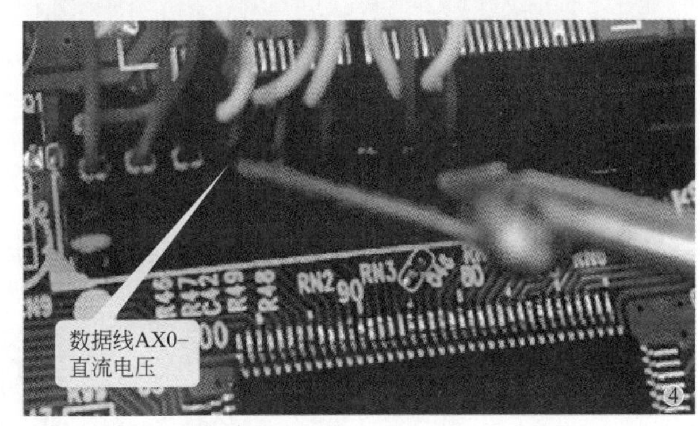

图 4—4—2　液晶屏接口工作电压测量方法

表 **4—4—2**　液晶屏接口工作电压

电压															
功能	VDD	GND	GND	AX0+	AX1+	AX2+	GND	ACK+	AX3+	BX0+	BX1+	BX2+	GND	BCK+	BX3+
引脚	2	4	6	8	10	12	14	16	18	20	22	24	26	28	30
	1	3	5	7	9	11	13	15	17	19	21	23	25	27	29
功能	VDD	VDD	GND	AX0−	AX1−	AX2−	GND	ACK−	AX3−	BX0−	BX1−	BX2−	GND	BCK−	BX3−
电压															

4. 根据图 4—4—3 所示测量方法，测量主板至背光灯驱动板接口的工作电压，并记录在表 4—4—3 中。

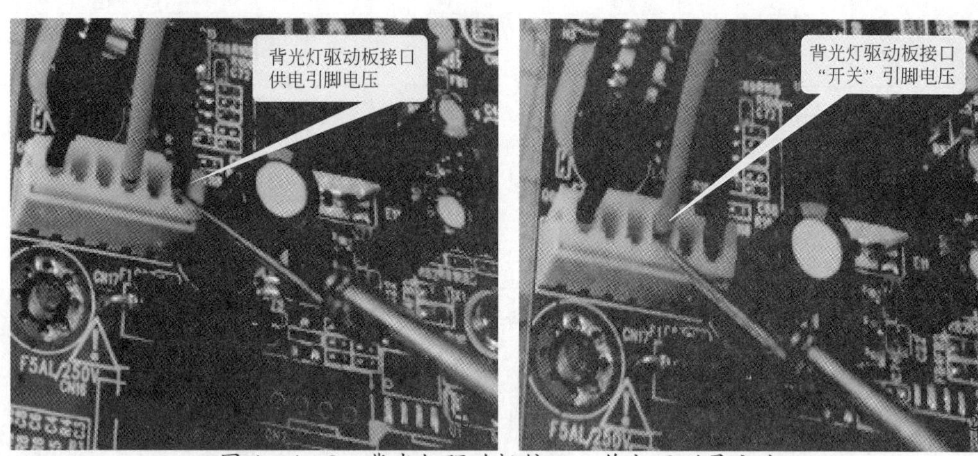

图 4—4—3　背光灯驱动板接口工作电压测量方法

表 **4—4—3**　背光灯驱动板接口工作电压

引脚	1	2	3	4	5	6
功能	GND	GND	ADJ	BLK（ON/OFF）	12 V	12 V
电压						

5. 查阅相关资料，识别图 4—4—4 所示遥控接收头的引脚，并测量其电压，结果记录在表 4—4—4 中。

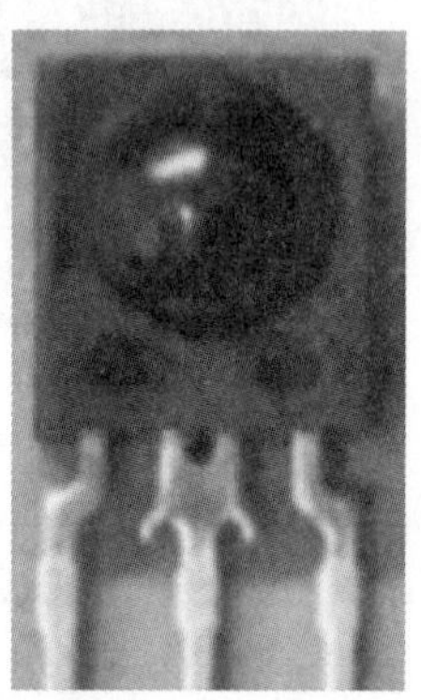
图 4—4—4　遥控接收头

表 **4—4—4**　遥控接收头引脚电压

引脚功能	OUT	地	VCC
静态电压（未操作遥控器时）			
动态电压（操作遥控器时）			

6. 输入彩条信号，按照图 4—4—5 所示测量方法测量主板至液晶屏接口处的信号波形，并将测量结果记录在表 4—4—5 中。

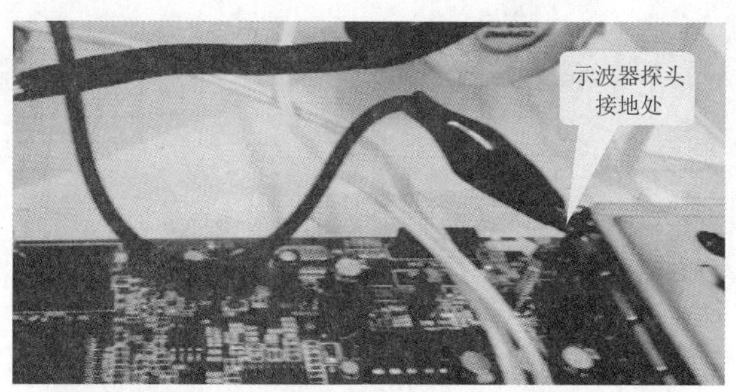

a)

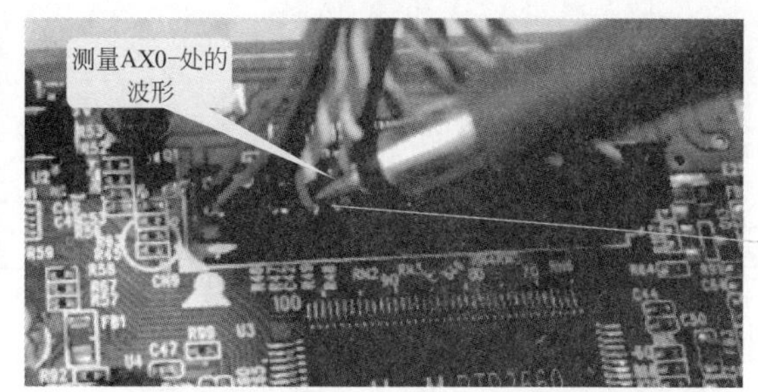

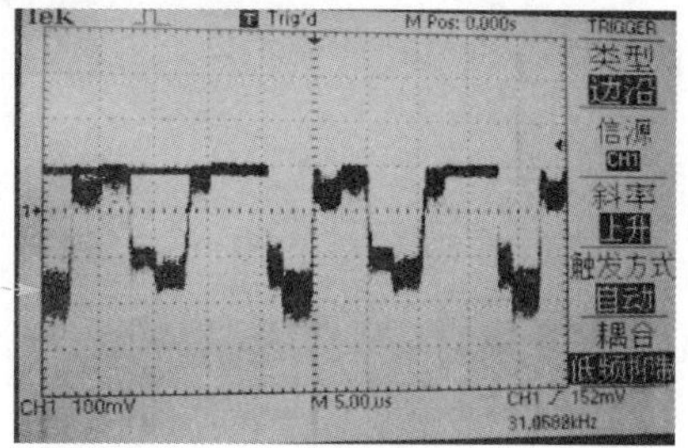

b)

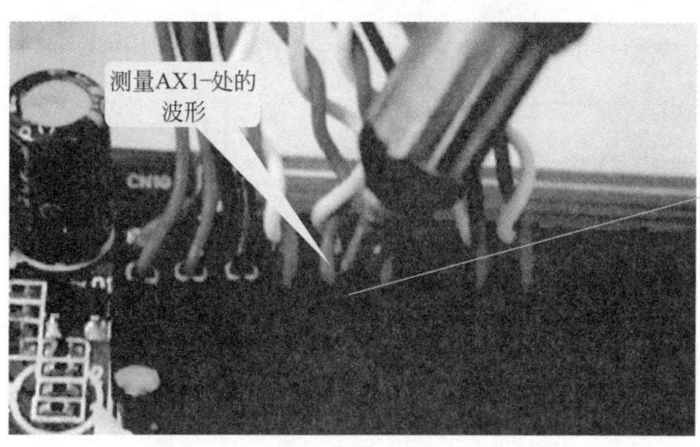

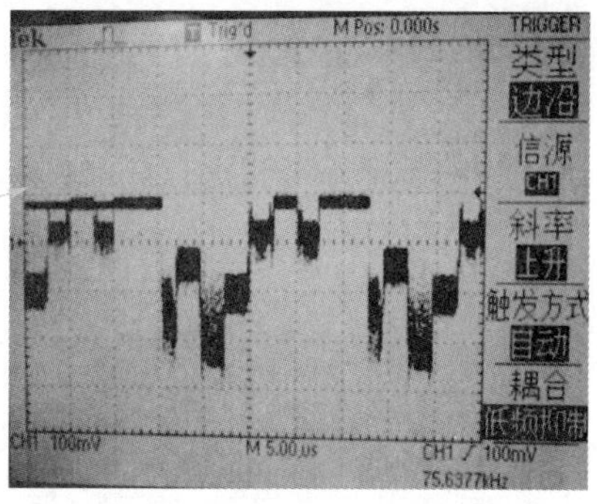

c)

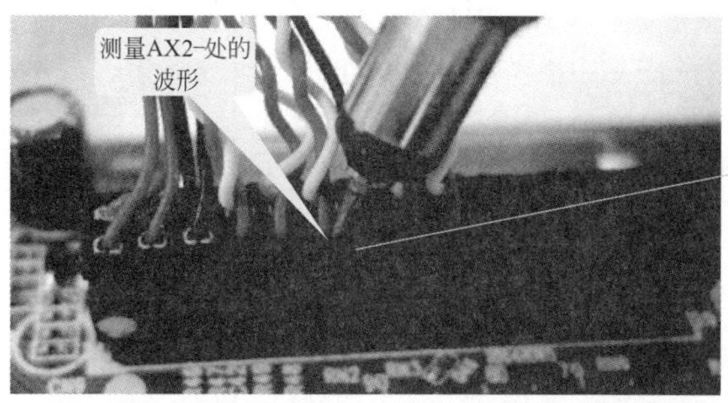

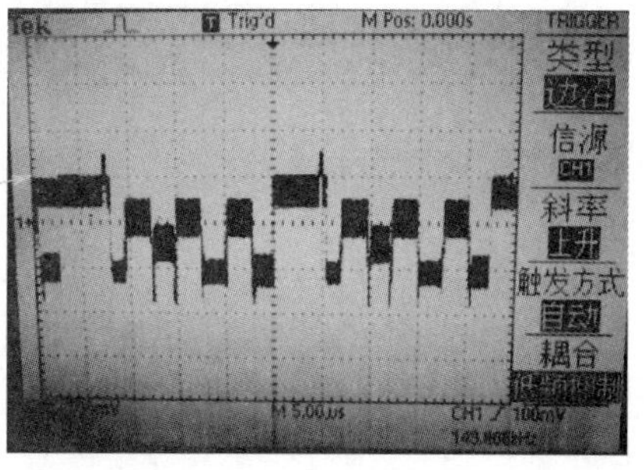

d)

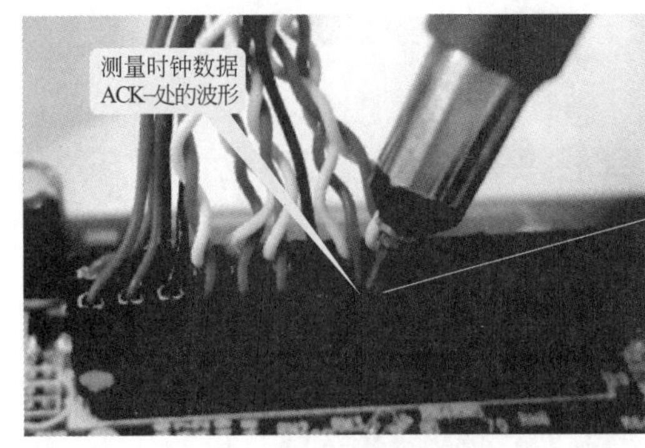

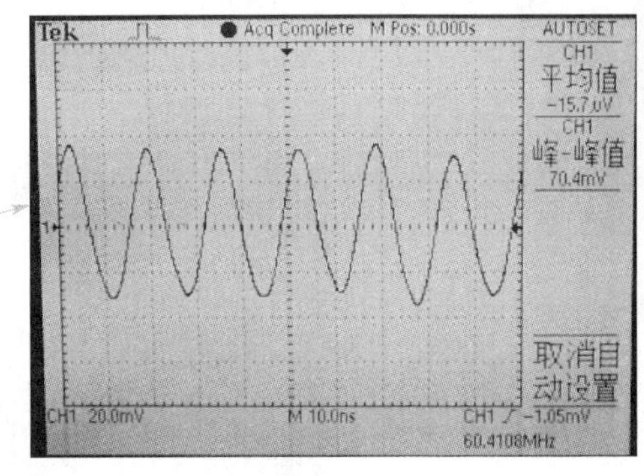

e)

图 4—4—5 液晶屏接口处信号波形的测量方法

表 **4—4—5** 液晶屏接口处的信号波形

测量项目	波形
测量项目：AX0+波形 测量点：________	
电压灵敏度：________/格	
时间灵敏度：________/格	
探头挡位：	
Vp-p=：	
T=：	
f=：	
正常与否：	
测量项目：AX1+波形 测量点：________	
电压灵敏度：________/格	
时间灵敏度________/格	
探头挡位：	
Vp-p=：	
T=：	
f=：	
正常与否：	
测量项目：AX2+波形 测量点：________	
电压灵敏度：________/格	
时间灵敏度：________/格	
探头挡位：	
Vp-p=：	
T=：	
f=：	
正常与否：	

二、液晶电视机故障判断及排除

1. 组装好的液晶电视机出现故障时，需要根据故障现象分析产生故障的原因，并通过测量各组成部件接口处的电压与波形来判断液晶电视机的故障部位，然后用替换法等验证判断，排除故障。试查阅相关资料，分析电视机各部件常见故障现象产生的原因。

(1) 分析液晶屏常见故障现象及其原因，并填写在表 4—4—6 中。

表 4—4—6　液晶屏常见故障现象及其原因

序号	故障现象	故障原因
1	全黑屏	
2	暗影屏	
3	缺色屏	
4	白屏	
5	有水平亮线	
6	有垂直亮线	
7	有固定亮点、暗点或晕点	
8	图像发黄	

（2）分析液晶电视机电源板常见故障现象及其原因，并填写在表 4—4—7 中。

表 4—4—7 液晶电视机电源板常见故障现象及其原因

序号	故障现象	故障原因
1	不能开机，电源指示灯不亮	
2	不能开机，电源指示灯亮	
3	开机后又自动关机	

（3）分析液晶电视机驱动主板常见故障现象及其原因，并填写在表 4—4—8 中。

表 4—4—8 液晶电视机驱动主板常见故障现象及其原因

序号	故障现象	故障原因
1	白屏、黑屏或缺色	
2	满屏雪花	
3	收到电视台少	
4	频道锁定失效	
5	无伴音	
6	无彩色	
7	信号不能切换	

（4）分析液晶电视机高压板（背光灯驱动板）常见故障现象及其原因，并填写在表4—4—9中。

表 4—4—9　液晶电视机高压板常见故障现象及其原因

序号	故障现象	故障原因
1	有极暗影像	
2	画面有较大干扰条纹	
3	图像过亮或过暗	

（5）分析液晶电视机控制电路常见故障现象及其原因，并填写在表 4—4—10 中。

表 4—4—10　液晶电视机控制电路常见故障现象及其原因

序号	故障现象	故障原因
1	遥控失效	
2	按键失效或功能改变	
3	不能开机	
4	整机功能混乱	

（6）分析液晶电视机常见主板程序故障及其原因，并填写在表 4—4—11 中。

表 4—4—11 液晶电视机常见主板程序故障及其原因

序号	故障现象	故障原因
1	操作功能混乱	
2	液晶屏无显示	
3	图像模糊	
4	色彩混乱	

（7）分析液晶屏线常见故障现象及其原因，并填写在表 4—4—12 中。

表 4—4—12 液晶屏线常见故障现象及其原因

序号	故障现象	故障原因
1	花屏	
2	图像混乱	
3	缺色	

2. 查阅相关资料，简述维修液晶电视机时需要重点注意的地方。

3. 查阅相关资料，简述液晶电视机无伴音故障的维修方法和步骤。

4. 如何用在线测量法检测液晶电视机中电阻、电容、二极管、三极管等电气元器件的好坏?

5. 查阅相关资料，简述判断液晶电视机各部件故障的方法和步骤，并记录在表 4—4—13 中。

表 **4—4—13**　　液晶电视机各部件故障的判断方法和步骤

序号	部件名称	判断方法和步骤
1	电源部件	
2	液晶屏	

续表

序号	部件名称	判断方法和步骤
3	驱动主板	
4	高压板	
5	升压板	
6	按键板	
7	遥控电路	
8	主板液晶屏驱动软件	

6. 查阅相关资料，简述替换液晶电视机各部件时的注意事项，并记录在表 4—4—14 中。

表 4—4—14 替换液晶电视机各部件时的注意事项

序号	部件名称	注意事项
1	电源部件	
2	液晶屏	

续表

序号	部件名称	注意事项
3	驱动主板	
4	高压板	
5	升压板	
6	按键板	
7	遥控接收头	
8	灯管	

7. 试分组讨论若要上门维修液晶电视机需要注意哪些事项。

8. 根据测量数据确定故障部位，排除液晶电视机的部件级故障，并记录在表 4—4—15 中。

表 **4—4—15** 液晶电视机故障排除记录表

序号	故障现象	故障分析	主要测量数据	更换部件	成功与否
1					
2					
3					
4					
5					
6					
7					
8					

三、液晶电视机的调试

1. 在对液晶电视机进行调试前，首先要将其与外围设备进行正确连接，试查阅相关资料，完成下列题目。

（1）简述液晶电视机常见输入接口与输出接口的功能。

（2）画出液晶电视机与 DVD、功放、机顶盒的信号连接图。

（3）画出 5.1 声道家庭影院的音箱分布图与信号连接图。

2. 查阅相关资料，简述液晶电视机整机需要调试的项目以及相应的调试方法。

3. 用 VGA 线输入彩条信号，并用遥控器调整液晶电视机的各性能参数，如亮度、对比度、清晰度、RGB 基色等，使液晶电视机达到最佳状态，并将各参数记录在表 4—4—16 中。

表 4—4—16 液晶电视机整机调试项目

项目	亮度	对比度	清晰度	相位	水平	垂直	时钟	色温（自选）		
								R	G	B
参数										

四、整机进行简单老化测试

1. 为什么要对液晶电视机进行简单老化测试?

2. 查阅相关资料，说出液晶电视机常用老化环境与方法。

3. 结合实际教学条件，对液晶电视机进行简单老化测试。在接入信号后，首先进行 20 次开/关机试验，然后通电 6 h，并在通电的过程中不断振动整机，记录液晶电视机老化情况并填写在表 4—4—17 中。

表 **4—4—17**　　液晶电视机老化测试记录表

测试条件	有故障时写出故障现象	找出故障部位	分析故障原因并提出处理建议	排除故障方法
20 次开/关机				
6 h 通电				
不断振动整机				

五、检测液晶电视机质量与功能

1. 查阅相关资料，简述液晶电视机测试软件的常见种类、功能及其使用方法。

2. 查阅相关资料，简述液晶电视机质量评价的内容与方法。

3. 根据表 4—4—18 所列项目检测液晶电视机的各项功能并做出评价，评价结果填写在表 4—4—18 中。

表 **4—4—18** 液晶电视机质量与功能评价

项目	评价内容	评价结果
1	能否用手动方式（MANUAL）与自动方式（AUTO）调出电视台节目，是否可以进行节目的选择	
2	能否进行各输入功能、MUTE 功能、STANDBY 功能、SYSTEM 功能的转换	
3	图像是否位于中心位置，上下左右是否对称，上下左右幅度是否满屏	
4	各彩条在水平方向上是否存在明暗相间的爬行条纹	
5	调节液晶电视机的亮度、对比度、彩色、音量等是否有相应变化	
6	TV 强信号时，图像有无网纹干扰与扭曲现象；弱信号时，图像有无雪花出现	
7	液晶电视机的色纯情况是否良好	
8	液晶电视机的白平衡情况是否良好	
9	液晶屏是否有亮点、暗点、晕点、亮直线、暗直线、刮伤等	
10	液晶电视机清晰度线的情况是否良好（符合一定数量的线数）	
11	用胶锤轻敲机架，图像、声音是否受敲打的影响	
12	电视机安全性能的检测结果是否符合要求	
13	液晶电视机内各元器件的安装工艺是否符合要求	
14	液晶电视机整机外观是否完整，无刮伤	
15	伴音通道是否会出现振音现象	

评价与分析

根据每个小组成员在本活动学习过程中的表现情况填写《学习任务过程性考核记录表》。

学习活动 5　液晶电视机的验收

学习目标

1. 能编写液晶电视机的使用说明书，说明液晶电视机的使用方法和维护保养事项。

2. 能按照验收标准交付客户验收，并记录验收过程中出现的问题及解决方法。

3. 能按照现场 6S 管理规范清点与维护工具，整理工作现场。

建议学时：6 学时。

学习过程

一、编写液晶电视机使用说明书

1. 查阅相关资料，摘录液晶电视机的日常使用与维护保养知识。

2. 收集一本液晶电视机使用说明书，了解液晶电视机使用说明书包含的具体内容及其编写方法。

3. 为自己组装的液晶电视机编写一份使用说明书，此说明书内容应包含产品的主要功能介绍、产品的使用方法、产品的使用注意事项、产品的维护保养方法等。

二、液晶电视机组装工程验收

1. 填写液晶电视机设备验收单（表 4—5—1），以小组为单位进行组内模拟验收。

表 4—5—1 液晶电视机设备验收单

编号：

设备名称		出厂编号	
型号（规格）		价　　格	
生产厂家		出厂日期	

主要技术参数：

随机附件及数量：

随机资料：

整机工艺、性能、功能验收：（填写优、良、中、差四个等级）

整机设计与工艺	整机性能（图像与声音）	遥控功能	TV 功能	AV 功能	S 端子	VGA 输入

设备验收最终综合结论：______________。（填写优、良、中、差四个等级）

设备存在问题：

参加验收人员：

备注：

使用部门负责人（签名）：	日期：	验收部门负责人签名：	日期：

2. 记录验收过程中存在的问题，小组讨论解决问题的方法，并记录在表 4—5—2 中。

表 **4—5—2** 验收过程问题记录表

序号	验收中存在的问题	改进和完善措施
1		
2		
3		
4		

三、整理工具、清理现场

根据物料领用单清点所有工具，检查其是否有损坏，若无损坏应交还收发处，若有损坏应及时汇报。同时，整理用剩下的元器件及材料并交还收发处，清理现场，规范填写元器件、材料及工具归还清单（表 4—5—3）。

表 **4—5—3** 元器件、材料及工具归还清单

序号	元器件、材料及工具名称	型号及规格	数量	备注
1				
2				
3				
4				
5				
6				
7				
8				
收发处负责人（签字）	年　月　日	团队负责人（签字）	年　月　日	

评价与分析

根据每个小组成员在本活动学习过程中的表现情况填写《学习任务过程性考核记录表》。

学习活动6　工作总结与评价

学习目标

1. 能按分组情况，分别选派代表展示本组工作成果，并进行自评和互评。

2. 能结合自身任务完成情况，正确规范地撰写工作总结（心得体会）。

3. 能对本任务中出现的问题进行分析，并提出以后的改进措施和办法。

建议学时：6学时。

学习过程

一、个人、小组评价

以小组为单位，选择演示文稿、展板、海报、视频等形式中的一种或几种，向全班展示、汇报组装成果。在展示的过程中，以小组为单位进行评价；评价完成后，根据其他小组成员对本组展示成果的评价意见进行归纳总结。

汇报思路设计：

其他小组成员的评价意见：

二、教师评价

认真听取教师对本小组展示成果优缺点以及在任务完成过程中出现的亮点和不足的评价意见并做好记录。

1. 教师对本小组展示成果优点的点评。

2. 教师对本小组展示成果缺点以及改进方法的点评。

3. 教师对本小组在整个任务完成过程中出现的亮点和不足的点评。

三、工作过程回顾及总结

1. 简单阐述液晶电视机的组装过程，总结完成液晶电视机组装与简单故障维修任务过程中遇到的问题和困难，列举 2~3 点你认为比较值得和其他同学分享的工作经验。

2. 回顾本学习任务的工作过程，对新学专业知识和技能进行归纳和整理，在计算机上写一篇字数不少于800字的工作总结，并打印成稿粘贴在下面的空白处。

工作总结

评价与分析

按照客观、公正和公平原则，在教师的指导下按自我评价、小组评价和教师评价三种方式对自己或他人在本学习任务中的表现进行综合评价。综合等级按 A（90～100）、B（75～89）、C（60～74）、D（0～59）四个级别进行填写，见表 4—6—1。

表 4—6—1　　学习任务综合评价表

<table>
<tr><th rowspan="2">考核项目</th><th rowspan="2">评价内容</th><th rowspan="2">配分（分）</th><th colspan="3">评价分数</th></tr>
<tr><th>自我评价</th><th>小组评价</th><th>教师评价</th></tr>
<tr><td rowspan="6">职业素养</td><td>劳动保护用品穿戴完备，仪容仪表符合工作要求</td><td>5</td><td></td><td></td><td></td></tr>
<tr><td>安全意识、责任意识、服从意识强</td><td>6</td><td></td><td></td><td></td></tr>
<tr><td>积极参加教学活动，按时完成各项学习任务</td><td>6</td><td></td><td></td><td></td></tr>
<tr><td>团队合作意识强，善于与人交流和沟通</td><td>6</td><td></td><td></td><td></td></tr>
<tr><td>自觉遵守劳动纪律，尊敬师长，团结同学</td><td>6</td><td></td><td></td><td></td></tr>
<tr><td>爱护公物，节约材料，管理现场符合 6S 标准</td><td>6</td><td></td><td></td><td></td></tr>
<tr><td rowspan="3">专业能力</td><td>专业知识扎实，有较强的自学能力</td><td>10</td><td></td><td></td><td></td></tr>
<tr><td>操作积极，训练刻苦，具有一定的动手能力</td><td>15</td><td></td><td></td><td></td></tr>
<tr><td>技能操作规范，注重装配工艺，工作效率高</td><td>10</td><td></td><td></td><td></td></tr>
<tr><td rowspan="2">工作成果</td><td>产品组装与维修符合工艺规范，产品功能满足要求</td><td>20</td><td></td><td></td><td></td></tr>
<tr><td>工作总结符合要求，组装与维修成本低</td><td>10</td><td></td><td></td><td></td></tr>
<tr><td colspan="2">总分</td><td>100</td><td></td><td></td><td></td></tr>
<tr><td rowspan="2">总评</td><td rowspan="2">自我评价×20%+小组评价×20%+教师评价×60%=</td><td>综合等级</td><td colspan="3" rowspan="2">教师（签名）：</td></tr>
<tr><td></td></tr>
</table>

附表

学习任务过程性考核记录表

任务名称：________________ 学习地点：________________ 学习时间：_____年____月____日起至_____年____月____日止

班级名称：______________ 团队名称：______________ 组长：______________ 教师：______________

序号	姓名	岗位名称	劳动组织纪律														职业道德与素养								专业知识与技能			
			早训	午训	迟到	早退	旷课	请假	零食	打闹	睡觉	离岗	游戏	闲聊	工具	卫生	仪表	礼仪	安全意识	服从意识	责任意识	态度	展示	6S	学习笔记	维修工艺	技能训练	工作页质量
1																												
2																												
3																												
4																												
5																												
6																												

记录说明：（1）早训、午训：指做操时迟到、早退或缺席；（2）迟到、早退和旷课：指上课期间考勤记录情况；（3）工具：指上课不带学习或实训工具以及工具不齐；（4）卫生：指所打扫工作台或实训室卫生不达标；（5）仪表：指不穿工装、不戴校牌、染发、必要时不戴工作帽等；（6）礼仪：指不按要求问好、不尊重教师、说脏话等；（7）安全意识：指乱动实训设备、电源，违章操作等；（8）服从意识：指不听教师或管理人员安排工作，顶撞或威胁他人；（9）责任意识：指做事不认真、敷衍了事，不爱护或损坏公物，浪费实训材料等；（10）态度：指不积极、不主动参加各种教学活动，没有团队精神等。

注：劳动组织纪律各项用“正”字的“一”表示违纪 1 次或旷 1 节课，职业道德与素养以及专业知识与技能分优、良、中、及格、不及格五等，分别用 A、B、C、D、E 进行标注。